DK 620.163.05-185.4:531.717.1

FORSCHUNGSBERICHTE
DES LANDES NORDRHEIN-WESTFALEN

Herausgegeben durch das Kultusministerium

Nr. 730

Obering. Herbert Stein
Dipl.-Phys. Siegfried Hobe

Institut für textile Meßtechnik M. Gladbach e. V., M. Gladbach

Gerät zum Auffinden von Fadenverdickungen
bei hohen Prüfgeschwindigkeiten

Als Manuskript gedruckt

WESTDEUTSCHER VERLAG / KÖLN UND OPLADEN

1959

ISBN 978-3-663-03663-0   ISBN 978-3-663-04852-7 (eBook)
DOI 10.1007/978-3-663-04852-7

Gliederung

1. Vorwort .... S.   5
2. Aufgabenstellung .... S.   5
   2.1 Garnungleichmäßigkeit .... S.   5
      2.11 Begriff der Ungleichmäßigkeit .... S.   5
      2.12 Verteilung der Querschnittsschwankungen .... S.   7
   2.2 Fadenverdickungen .... S.   8
      2.21 Grobe Dickstellen .... S.   8
      2.22 Kurze Fadenverdickungen .... S.   9
   2.3 Anforderungen an die Dickstellenprüfung .... S. 10
      2.31 Fehlererfassung .... S. 10
      2.32 Prüfgeschwindigkeiten .... S. 11
      2.33 Weiterverwendung des geprüften Materials .... S. 11
      2.34 Auswertung und Registrierung der Meßergebnisse .. S. 11
3. Verschiedene Meßeinrichtungen zur Ermittlung von Dickstellen .... S. 12
   3.1 Allgemeines .... S. 12
   3.2 Fotoelektrisch arbeitende Prüfgeräte .... S. 13
      3.21 Neptel-Nissenzählgerät .... S. 14
   3.3 Hochfrequenzmeßeinrichtungen .... S. 14
      3.31 Hy-Lo-Indicator .... S. 14
4. Das Fadenprüfgerät "Elkometer" .... S. 15
   4.1 Beschreibung des Tastkopfes .... S. 16
      4.11 Veränderung der Toleranzgrenze .... S. 17
      4.12 Anpassung der Tastkopfeinstellung an eine gegebene Prüfaufgabe .... S. 20
   4.2 Beschreibung der Spulvorrichtung .... S. 23
      4.21 Magnet-elektrische Bremskupplung .... S. 24
   4.3 Schaltanordnung .... S. 26
      4.31 Zählertafel .... S. 28
5. Durchgeführte Untersuchungen .... S. 29
   5.1 Knotenversuche .... S. 30
      5.11 Herstellen des Versuchsfadens .... S. 31
      5.12 Einfluß der Tastkopfeinstellung .... S. 31
      5.13 Einfluß der Prüfgeschwindigkeit .... S. 32
      5.14 Einfluß des Knotenabstandes .... S. 33

5.15 Registrierung der Meßimpulse	S.	34
5.16 Auffinden von Knoten mit Gleichförmigkeitsprüfgeräten	S.	35
5.2 Dickstellenprüfungen an Gespinsten aus Wolle, Baumwolle und Chemiefasern	S.	37
5.21 Versuchsdurchführung	S.	37
5.22 Anfertigung von Schautafeln	S.	38
5.23 Durchführung von Betriebskontrollen	S.	39
5.24 Registrierung der Meßergebnisse	S.	40
5.3 Nissen- und Noppenzählungen	S.	42
5.31 Versuchsdurchführung	S.	42
5.32 Auswertung der Meßergebnisse	S.	44
5.4 Prüfung von endlosen Chemiefäden	S.	48
6. Zusammenfassung	S.	49
7. Literaturverzeichnis	S.	50
7.1 Patentliteratur	S.	51

1. Vorwort

Soll im Gewebe oder Gewirke ein völlig gleichmäßiges Warenbild entstehen, dann ist die wichtigste Voraussetzung hierfür, daß die zur Verarbeitung kommenden Garne keine größeren Querschnittsschwankungen aufweisen.

Besonders ungünstige Voraussetzungen ergeben sich, wenn vorhandene, ein bestimmtes Maß erreichende Veränderungen des Garnquerschnittes sich periodisch wiederholen.

Bei der Beurteilung von Gespinsten oder Zwirnen auf ihre Brauchbarkeit für die Herstellung einer Ware, die bestimmten Qualitätsansprüchen genügen muß, ist es auch erforderlich, dafür zu sorgen, daß nicht über größere Längen verteilt Fadenverdickungen auftreten, wie sie in Form von Anlegern, Faseranflug und Doppelfäden oder auch Nissen, Noppen, eingesponnene Fremdkörper und dergleichen vorliegen können. Meist wird es unmöglich oder schwierig sein, nachträglich in der fertigen Ware solche Dickstellen zu entfernen.

Neben Prüfeinrichtungen, denen die Aufgabe zugeteilt ist, die Garnungleichmäßigkeit festzustellen, entsprechende Diagramme aufzuzeichnen und Zahlenwerte für die mittlere lineare oder die mittlere quadratische Ungleichmäßigkeit anzugeben, sind Geräte von Interesse, welche die Zahl von Dickstellen über bestimmte Materiallängen ermitteln und diese gegebenenfalls einer visuellen Beurteilung zugänglich machen.

Nach kurzen Betrachtungen über bekannte Geräte wird ein neu entwickeltes Prüfgerät beschrieben, das speziell zur Ermittlung von Dickstellen dienen soll und das vielseitig anzuwenden ist.

2. Aufgabenstellung

2.1 Garnungleichmäßigkeit

2.11 Begriff der Ungleichmäßigkeit

Aus Naturfasern oder geschnittenen Chemiefasern hergestellte Gespinste werden vornehmlich nach der erzielten Reißkraft und nach ihren Dehnungseigenschaften bewertet. Dabei ist nicht allein die Höhe der Festigkeit und die Größe der Bruchdehnung maßgebend, vielmehr gilt es auch, die Gleichmäßigkeit zu beurteilen, d.h. festzustellen, ob große Schwankungen bei den mit geeigneten Prüfgeräten gefundenen Meßergebnissen vorliegen, beziehungsweise ob die Streuung der Meßwerte innerhalb eines für den vorliegenden Verwendungszweck zulässigen Bereiches bleibt.

Neben anderen Garneigenschaften (z.B. Rauhigkeit, Gleitfähigkeit) interessiert vornehmlich die Nummernhaltung. Von einem aus Naturfasern oder Chemiefasern erzeugten Gespinst ist zu fordern, daß es sowohl über große als auch über kleine Fadenlängen betrachtet einen Querschnitt aufweist, welcher der Soll-Nummer entspricht.

Ebensowenig wie bei Festigkeit und Dehnung ist dieser Idealzustand natürlich auch bezüglich des Querschnittes nicht zu erreichen. Durch entsprechende Aufbereitung des Fasermaterials, durch Bildung einwandfreier Karden- beziehungsweise Krempelbänder, durch den ordnungsmäßigen Ablauf der Verzugsvorgänge in den Streckwerken der verschiedenen im Produktionsprozeß einander folgenden Arbeitsmaschinen ist dafür zu sorgen, daß in dem von der Feinspinnmaschine erzeugten Gespinst eine möglichst gleichmäßige Faserverteilung vorliegt. Zu unterscheiden ist in allmählich im Zuge von größeren Fadenlängen verlaufende Änderungen der Garnnummer und in Querschnittsschwankungen, die im Verlauf kurzer Längen erfolgen.

Auf das Ergebnis der in der Spinnereipraxis üblichen "Sortierungen" mit Weife und Garnnummernbestimmungswaage wird sich eine gute Vorbereitung, d.h. die Arbeitsweise der im Vorwerk verwendeten Arbeitsmaschinen auswirken. Das Streckwerk der Ringspinnmaschine und eventuelle zusätzlich im Spinn- und Aufwindefeld auftretende Verzugserscheinungen sind dagegen für Ungleichmäßigkeiten verantwortlich zu machen, die bei vergleichenden Prüfungen in kurzen Fadenstücken festzustellen sind.

Die Größe derartiger Schwankungen wird bei den üblichen Gleichmäßigkeitsprüfungen gemessen und kann als Zahlenwert angegeben werden. Dieser, vornehmlich als mittlere lineare Ungleichmäßigkeit bestimmt, macht Aussagen über die Garnqualität. Hierbei hat jedoch zu gelten, daß bei einem aus Natur- beziehungsweise Stapelfasern gefertigten Gespinst eine ideale Gleichmäßigkeit, wie sie bei einem endlos erzeugten Faden möglich ist, nicht erreicht werden kann. Dies ist darauf zurückzuführen, daß sich im fertigen Gespinst niemals eine Faser mit ihrem Anfang an das Ende der vorhergehenden unmittelbar anschließen wird. Außerdem ist mit unvermeidbaren Abweichungen in der Nummer beziehungsweise dem Titer der für die Erzeugung des Gespinstes eingesetzten Einzelfasern zu rechnen. Zwangsläufig wird also immer eine gewisse Ungleichmäßigkeit vorhanden sein, die allgemein als Grenzungleichmäßigkeit bezeichnet wird und die natürlich auch bei einem vollkommen einwandfreien Ablauf aller Verarbeitungsvorgänge in der Spinnerei niemals verschwinden kann [1][2][3]. Der Quotient von gemessener Ungleichmäßigkeit und errechneter Grenzungleichmäßigkeit gibt ein Maß für die "spinntechnische Güte" des Fadens und läßt Schlüsse darüber zu, ob eine weitere Annäherung an den Idealwert der Grenzungleichmäßigkeit möglich ist. Er sagt nichts über Eignung des ersponnenen Materials für die Weiterverarbeitung aus. Hierfür ist allein der Absolutwert der gemessenen Ungleichmäßigkeit maßgeblich.

2.12 Verteilung der Querschnittsschwankungen

Reklamation wegen vorliegender Querschnittsschwankungen in verarbeiteten Gespinsten beziehungsweise Zwirnen werden vor allem von Webern und Wirkern in Form von Beanstandungen des sich ergebenden Warenbildes vorgebracht.

Soll den Ursachen derartiger Erscheinungen nachgegangen werden, so kann es nicht genügen, lediglich die normalerweise übliche Bestimmung der Ungleichmäßigkeitsprozente vorzunehmen, sondern diese muß zu Variationslängenkurven ausgebaut werden [3][4]. Hierdurch läßt sich feststellen, ob nicht nur die mittlere Ungleichförmigkeit über kleine Fadenlängen den vorliegenden Anforderungen entspricht, vielmehr kann auch ermittelt werden, ob über größere Fadenlängen auftretende Nummernschwankungen eine nachteilige Beeinflussung des Warenbildes ergeben werden.

Garnungleichmäßigkeiten, die, völlig regellos aneinandergereiht, auftreten, lassen mit großer Wahrscheinlichkeit eine Voraussage über die Eigung bei der Weiterverarbeitung zu. Zeigen sie jedoch periodische Wiederholungen des gleichen Erscheinungsbildes, dann kann es zu ausgesprochenen Moirée-Effekten im Gewebe kommen. Ihr Entstehen hängt vielfach von gewissen Zufälligkeiten ab. Wird beispielsweise einschützig gewebt und weist der Schlußfaden einen Wellencharakter auf, dann ist der Ausfall der Ware durch das Verhältnis Periodenlänge zur Gewebebreite bestimmt. Sind Voraussetzungen gegeben, die dazu führen, daß sich für die nebeneinander eingebrachten Schußfäden dicke mit dicken und dünne mit dünnen Stellen paaren, dann wird die Ware zu beanstanden sein. Ist dagegen eine gewisse Verlegung gewährleistet, dann treten solche Querschnittsschwankungen kaum in Erscheinung, und es besteht kein direkter Anlaß zu einer Reklamation.

2.2 Fadenverdickungen

2.21 Grobe Dickstellen

Neben Nummernschwankungen über kleinere oder größere Fadenlängen machen sich bei der Weiterverarbeitung beziehungsweise im Warenbild ausgesprochene Dickstellen bemerkbar. Diese können in verschiedener Form vorliegen und sind nach ihren Entstehungsursachen zu unterscheiden in:

<u>Anleger</u>, wie sie auf der Ringspinnmaschine entstehen, wenn ein gebrochenes Fadenende wieder mit dem aus dem Lieferwerk austretenden Fasermaterial zu verbinden ist. Die Größe und das Ausmaß einer solchen Fehlerstelle ist dabei weitgehend von dem Geschick der betreffenden Spinnerin, bis zum gewissen Grade aber auch von den vorliegenden Arbeitsbedingungen bei der betreffenden Spinnmaschine abhängig.

<u>Anflugstellen</u>, die dadurch auftreten, daß Flugfasern von der Drallbewegung des entstehenden Fadens erfaßt und mit eingebunden werden. Auch bei peinlicher Sauberhaltung der Maschinen und der Anwendung von Blasvorrichtungen und Absaugeanlagen lassen sich solche Fehler kaum mit Sicherheit vermeiden.

<u>Fadenaufrauhungen</u> und im Zusammenhang damit <u>Faserverschiebungen</u> auf der Fadenoberfläche. Solche Erscheinungen können durch besondere Fadenführorgane bei verschiedenen Arbeitsmaschinen in der Webereivorbereitung verursacht sein. Sie treten aber unter gewissen Voraussetzungen auch beim Ringspinnvorgang auf, und zwar dann, wenn der Läufer an einer Anlagestelle im Ring scharfkantig wird und der Faden beim Durchtritt durch den Läuferbogen an diesen Verschleißstellen vorbeigeführt wird. Entsprechend den Hubbewegungen der Ringbank zum Zweck des Spulenaufbaues bildet sich der Ballon unterschiedlich aus. Der Fadenangriffspunkt am Läufer wandert dann entsprechend und der Faden kommt in bestimmten Stellungen der Ringbank mit der Verschleißstelle in Berührung.

<u>Doppelfäden</u>, die sich dadurch ergeben, daß nach Auftreten einer Störung zwei Fäden der gleichen Spindel zulaufen.

<u>Schlecht verzogene Vorgarnstellen</u>, die hin und wieder zu finden sind und die auf eine fehlerhafte Einstellung der Streckwerke, auf eingelaufene Druckrollen oder auch auf Durchschlupferscheinungen am Lieferwalzenpaar der Ringspinnmaschine zurückgeführt werden müssen.

<u>Fadenverdickungen</u>, die sich unter Umständen über größere Längen erstrecken und deren Entstehungsursache darin zu suchen ist, daß <u>zwei</u>

Vorgarnfäden von den im Gatter der Ringspinnmaschine aufgesteckten Spulen gleichzeitig dem gleichen Streckwerksabschnitt und damit einer Spinnstelle zulaufen.

Sofern es nicht gelingt, durch die Verwendung von Fadenreinigern in der Spulerei solche unerwünschten Faseranhäufungen abzustreifen oder den Faden an der betreffenden Stelle zum Bruch zu bringen und die Fehlerstelle durch einen Knoten zu ersetzen, dann sind unter Umständen Stopfarbeiten an der fertigen Ware vorzunehmen. Diese erfordern einen hohen Zeitaufwand und sind meist nicht in der Weise durchzuführen, daß der Fehler völlig verschwindet. Insbesondere in der Tuchindustrie ist in den Stopfsälen oft eine große Anzahl von Arbeitskräften anzutreffen, die unproduktiv arbeiten und deren Einsparung eine erwünschte Rationalisierungsmaßnahme darstellen würde.

2.22 Kurze Fadenverdickungen

Neben den sich meist über mehrere Millimeter oder auch Zentimeter erstreckenden ausgesprochenen Dickstellen sind in Gespinsten vielfach ein bestimmtes Ausmaß überschreitende Knötchen zu beanstanden. Diese liegen vor als:

Nissen und **Noppen**, wobei es sich um Faserknäulchen handelt, die vielfach fest mit dem Fadenkern verbunden sind und die auch durch die scharfen Kanten eines Fadenreinigers nicht abgestreift werden können. Sie sind entweder bereits in dem der Spinnerei vorliegenden Rohmaterial vorhanden oder entstehen während der Verarbeitungsprozesse insbesondere beim Kardieren.

Eingesponnenen **Fremdkörpern** wie Holz, Laub und Schalenteilchen, Kletten und dergleichen, die ebenfalls aus dem fertigen Gespinst schwer wieder zu entfernen sind.

Mit Geräten, die zur Ermittlung der Ungleichmäßigkeit über kleinere oder größere Fadenlängen dienen, ist eine Dickstellenprüfung nicht ohne weiteres möglich. Zwar wird, sofern nicht zu hohe Prüfgeschwindigkeiten zur Anwendung kommen und die Länge der Dickstelle nicht erheblich kürzer ist als die Länge des Meßelementes, ein angeschlossenes Registriergerät den Durchlauf einer Dickstelle durch das eigentliche Meßorgan zur Anzeige bringen. In die Anzeige eines zur Ermittlung der mittleren beziehungsweise der quadratischen Ungleichmäßigkeit angeschlossenen Auswertgerätes geht eine kurze Dickstelle jedoch nur wenig ein, d.h. daß die Minderung der Garnqualität tatsächlich weit größer ist als ein

Integriergerät dieses anzuzeigen vermag. Um festzustellen, ob und in welcher Anzahl zu beanstandende Dickstellen in einem vorgelegten Prüfling vorhanden sind, müssen vielmehr besondere dafür geeignete Meßeinrichtungen zum Einsatz kommen, sofern nicht in altbekannter Weise eine Bewertung nach dafür angefertigten Schautafeln erfolgt. Hierbei hat zu gelten, daß dieses Schautafelverfahren nur für einen allgemein orientierenden Test anzuwenden ist und im übrigen nicht infrage kommt, wenn Dickstellen gesucht und aufgefunden werden sollen, die wie Anleger und schlecht verzogene Vorgarnstellen nur selten und in großen Abständen voneinander auftreten.

2.3 Anforderungen an die Dickstellenprüfung

2.31 Fehlererfassung

Gemäß den vorstehend gemachten Ausführungen (vergleiche Abschnitt 2.21 und 2.22) ist bei der Durchführung einschlägiger Prüfungen beziehungsweise dem Einsatz geeigneter Prüfeinrichtungen zu unterscheiden in:

die Ermittlung grober Dickstellen und
die Erfassung kurzer Fadenverdickungen.

Die grobe Dickstelle wird im allgemeinen nachträglich zu entfernen sein. Erwünscht ist dabei, daß diese Arbeit nicht erst am fertigen Gewebe erfolgt, vielmehr der Versuch gemacht wird, die Fehlerstelle durch Anwendung von Fadenreinigern bereits beim Spulvorgang aufzufinden gegebenenfalls abzustreifen. Kommt es dabei zu einem Fadenbruch, dann ist sie durch einen Knoten zu ersetzen, dessen Abmessungen im allgemeinen so gehalten werden können, daß zu einer weiteren Beanstandung keine Veranlassung gegeben ist.

Einem Prüfgerät zur Dickstellenermittlung ist hierbei also die Aufgabe zu stellen, in verhältnismäßig kurzer Zeit große Fadenlängen zu überprüfen, die vorhandenen Fehlerstellen zu zählen und gegebenenfalls auch sichtbar zu machen, damit sie eine Beurteilung erfahren können und eine Möglichkeit gegeben ist, die Fehlerursache zu erkennen und abzustellen. Prüfungen am bereits umgespulten Garn sollen eine Möglichkeit schaffen, die Wirkungsweise eingesetzter Fadenreiniger kennenzulernen beziehungsweise deren Einstellung zu korrigieren, um einen bestmöglichen Reinigungseffekt zu erzielen.

Auch bei der Kontrolle eines Gespinstes auf Nissen- und Noppenhäufigkeit und dem Vorhandensein von eingesponnenen Fremdkörpern wird es

wichtig und interessant sein, zunächst zu ermitteln, in welcher Form
diese Fehlerstellen auftreten. Sie sind also entsprechend sichtbar und
einer visuellen Beurteilung zugänglich zu machen. Vor allem wird es
hierbei aber darauf ankommen, eine eventuell gegebene Häufigkeitsverteilung zu ermitteln, um daraus Rückschlüsse auf die Eignung des verwendeten Rohmaterials und auf die Arbeitsweise der Arbeitsmaschinen in der
Spinnereivorbereitung insbesondere der Aufbereitungsanlage, der Karde
und der Ringspinnmaschine zu ziehen.

2.32 Prüfgeschwindigkeiten

Entsprechend der vorliegenden Aufgabenstellung sind hohe Prüfgeschwindigkeiten anzustreben, die es gestatten in kurzer Zeit große Fadenlängen zu überprüfen und aus den Meßergebnissen die gewünschten Schlußfolgerungen zu ziehen. Dies gilt insbesondere beim Aufsuchen grober
Dickstellen, die relativ selten auftreten.

Beim Zählen von Nissen kann mit kleineren Geschwindigkeiten gearbeitet
werden, da wegen der größeren Häufigkeit auch bei kleineren Fadenlängen
eine genügende Sicherheit für das Meßergebnis gewährleistet ist.

2.33 Weiterverwendung des geprüften Materials

Insbesondere bei der Überprüfung von hochwertigen Garnen, für die hohe
Verkaufspreise gelten, wird es erwünscht sein, Material einzusparen
und dieses nach erfolgter Prüfung einer Weiterverarbeitung zugänglich
zu machen. Für eine solche Dickstellenprüfung ergeben sich wegen der
großen zu untersuchenden Fadenlängen also etwas andere Überlegungen und
Voraussetzungen als für normale Gleichförmigkeitsprüfungen.

Hinsichtlich des Aufbaus geeigneter Prüfgeräte entsteht hieraus die
Forderung nach Verwendung von Abzugs- beziehungsweise Aufwindevorrichtungen, die das geprüfte Fadenmaterial aufnehmen und in Form von normalen zylindrischen oder konischen Kreuzspulen für den weiteren Einsatz
im praktischen Betrieb bereitstellen. Es wird auf diese Weise möglich,
verhältnismäßig große Garnmengen einer Prüfung zuzuführen ohne daß
kostspielige Materialverluste entstehen.

2.34 Auswertung und Registrierung der Meßergebnisse

Erfolgt eine Dickstellenprüfung in der Weise, daß beim Durchlauf eines
Fehlers durch die eigentliche Meßeinrichtung der Fadentransport unterbrochen wird, mit dem Zweck, die Fehlerstelle sichtbar zu machen, und

werden die zur Prüfung vorgelegten oder bei der Prüfung aufgewundenen Garnkörper gewogen, dann ist es möglich, durch entsprechende Aufzeichnungen über die Anzahl der Fehler Verhältniszahlen zu finden, die eine Auskunft darüber vermitteln, mit wievielen Fehlerstellen auf ein bestimmtes Garngewicht zu rechnen ist.

Um subjektive Einflüsse auszuschalten und möglichst ungeschultes Personal mit der Durchführung solcher Prüfungen beauftragen zu können, ist es zweckmäßig, eine Fadenlängenbestimmung vorzunehmen. Gleichzeitig ist eine selbsttätige Registrierung der Fehleranzahl erwünscht. Eine Ausrüstung des Prüfgerätes mit selbsttätig arbeitenden Zählwerken genügt, wenn es lediglich darauf ankommt, die Anzahl von Fehlerstellen bezogen auf ein bestimmtes Garngewicht oder eine bestimmte Garnlänge zu ermitteln und die Transportvorrichtung hierbei dauernd durchläuft.

Ist anzunehmen, daß durch bestimmte Arbeitsvorgänge beispielsweise durch den Spinn- und Aufwindeprozeß bei der Ringspinnmaschine Fadenverdickungen entstehen, die nicht gleichmäßig über die zu untersuchende Fadenlänge verteilt sind, dann empfiehlt es sich, nicht nur die Anzahl der Fehler, sondern auch die Fehlerverteilung zu bestimmen. Dieser Aufgabe ist am einfachsten durch Einsatz eines schreibenden Registriergerätes zu entsprechen, bei dem einschlägige Aufzeichnungen auf einem fortlaufend mit gleicher Geschwindigkeit vorwärtsbewegten Registrierpapier erfolgen.

3. Verschiedene Meßeinrichtungen zur Ermittlung von Dickstellen

3.1 Allgemeines

Bereits ein einfacher Fadenreiniger, wie er als Schlitzreiniger in der Betriebspraxis Verwendung findet, kann als eine Meßeinrichtung angesehen werden. Er kommt dann zur Wirkung, wenn die Fadenstärke ein bestimmtes durch Einstellung der Schlitzbreite berücksichtigtes Sollmaß überschreitet und streift entweder das dem Faden als Dickstellen anhaftende zusätzliche Fasermaterial, eingebundene Fremdkörper oder dergleichen, ab oder führt zu einem Fadenbruch dadurch, daß die Dickstelle nicht durch den Schlitz hindurchtreten kann.

Bei einer festen Schlitzeinstellung kommt es vielfach vor, daß sich auch die Dickstelle durch den Meßschlitz hindurchzwängt und auf diese Weise unverändert im zur Reinigung vorgelegten Faden verbleibt. Auch die Hintereinanderanordnung von zwei um $90°$ gegeneinander versetzten

Schlitzreinigern bringt oft nicht das gewünschte Ergebnis und führt meist zu einer unerwünschten Aufrauhung des Fadens.

Den Schlitzreinigern ähnliche Anordnungen, die zum Auffinden von Dickstellen dienen sollen, sind insbesondere in der Nähfadenindustrie bekannt geworden. Hier gilt es Knoten zu vermeiden, und den Einrichtungen kommt deshalb die Aufgabe zu, beim Durchlauf eines Knotens anzusprechen. Zu diesem Zweck wird das eine der den Schlitz bildenden Messer drehbar angeordnet und weicht, wenn sich eine Dickstelle hindurchzwängen will, entsprechend aus. Dadurch wird entweder mechanisch oder auch elektrisch über eine geeignete Kontaktvorrichtung der Fadentransport abgeschaltet und die Fehlerstelle (Knoten) auf diese Weise sichtbar gemacht, damit sie durch geeignete Maßnahmen entfernt werden kann.

Zu erwähnen sind in dem Zusammenhange auch Fadenreiniger, die mit photoelektrischen und kapazitiv wirksamen Meßeinrichtungen arbeiten und die besonders Schneidvorrichtungen betätigen, wenn eine Dickstelle aufgefunden wurde und diese aus dem Garn herausgenommen werden soll [5][6][7].

3.2 Fotoelektrisch arbeitende Prüfgeräte

Es ist naheliegend und bekannt, anstelle des menschlichen Auges eine Fotozelle einzusetzen, um die Gleichförmigkeit eines Fadens zu überprüfen. Dabei ist anzustreben, daß auftretende Querschnittsschwankungen in Form eines Diagrammes registriert werden. Auch geben zusätzlich einzusetzende Auswertgeräte, wie bei den bekannten Hochfrequenzgleichförmigkeitsprüfeinrichtungen, Möglichkeiten, Zahlenwerte für eine vorhandene Ungleichförmigkeit zu finden.

Nachdem ausgesprochene Dickstellen vor allem bei Kammgarngespinsten störend in Erscheinung treten und bei daraus hergestelltem Gewebe gegebenenfalls in mühevoller Arbeit nachträglich ausgestopft werden müssen, haben Franz und Henning bereits im Jahre 1935 ein fotoelektrisch arbeitendes Prüfgerät aufgebaut. In bekannter Weise schattete hierbei der Faden einen auf eine Fotozelle gerichteten Lichtstrahl mehr oder weniger stark ab. Starke von Dickstellen erzeugte Schatten wurden benutzt, um von der Fotozelle aus ein Zählrelais anzusteuern. Auf diese Weise wurde es möglich, zu ermitteln, wieviel ein bestimmtes Ausmaß überschreitende Fehler in einem Prüfling bekannter Länge oder bekannten Gewichtes auftraten [8][9][10].

3.21 Neptel-Nissenzählgerät

Ebenfalls auf fotoelektrischer Basis arbeitet das von der Firma Cheffield-Corperation, Dayton Ohio U.S.A. insbesondere für Nissenzählungen am laufenden Faden entwickelte Neptel-Prüfgerät [11]. Wie bei der von Franz und Henning benutzten Einrichtung wird der Faden fortlaufend überprüft und Fadenverdickungen, die einen bestimmten Größenwert überschreiten, mittels geeigneter praktisch trägheitslos arbeitender Einrichtungen gezählt. Auf eine Sichtbarmachung der Fehler wird dabei verzichtet. Entsprechend der vorliegenden Aufgabe wird die Meßeinrichtung im übrigen sehr empfindlich eingestellt und erfaßt Nissen und Noppen beziehungsweise eingebundene Fremdkörper und dergleichen, die natürlich mit einer viel größeren Häufigkeit auftraten als ausgesprochene Dickstellen, die sich über eine Länge von mehreren Millimetern und Zentimetern erstrecken.

Das Neptel-Gerät wird also vorzugsweise dort zum Einsatz kommen, wo auf indirektem Wege, nämlich vom erzeugten Fertiggespinst aus der verwendete Rohstoff oder eine eventuelle fehlerhafte Arbeitsweise beziehungsweise falsche Einstellung von Arbeitsmaschinen der Spinnereivorbereitung überprüft werden soll.

3.3 Hochfrequenzmeßeinrichtungen

Mit den bekannten Hochfrequenzmeßgeräten (beispielsweise Zellweger-Uster, Textronograph) können auch bei höheren Prüfgeschwindigkeiten Dickstellen dann aufgezeigt beziehungsweise gezählt werden, wenn registrierende Anzeigegeräte mit hohen Einstellungsgeschwindigkeiten Verwendung finden. Anstelle von Tintenschreibern sind gegebenenfalls Lichtpunktlinienschreiber oder andere technische Schnellschreiber einzusetzen, deren Schreibgeschwindigkeiten so hoch sind, daß sie auf den richtigen Wert einspielen, auch wenn der eigentliche Meßimpuls weniger als 0,01 Sekunde beträgt. Mit einer Art Grenzlinienverfahren ist dann aus Gleichförmigkeitsdiagrammen leicht zu erkennen, ob in einzelnen Fällen bestimmte zulässige Höchstwerte überschritten worden sind.

3.31 Hy-Lo-Indicator

Zu dem bekannten Hochfrequenz-Gleichförmigkeitsprüfer Zellweger Uster wurde das oben genannte Zusatzgerät entwickelt [12]. Dieses ist mit zwei elektrischen Zählwerken ausgestattet. Wird der Hy-Lo-Indicator gemeinsam mit dem Hochfrequenzgleichförmigkeitsprüfer betrieben, dann ist eine Möglichkeit gegeben, vollautomatisch Dickstellen zu erfassen und zu zählen, deren Querschnitt einen einstellbaren Grenzwert überschreitet. Nach Angabe seiner Hersteller bietet er folgende Anwendungsmöglichkeiten:

> als Laborgerät zur Durchführung systematischer Forschungsarbeiten über die unter verschiedenen Voraussetzungen gegebene Nissenhäufigkeit
>
> als Kontrollgerät zur dauernden oder stichprobenweisen Prüfung an Garnen
>
> zur Kontrolle des Qualitätsniveaus der Produktion.

Um möglichst vielen Anforderungen entsprechen zu können, sind drei verschiedene Betriebsarten möglich, die durch einen Schalter dem jeweils vorliegenden Einsatz entsprechend gewählt werden können.

Im Rahmen der vorliegenden Arbeit waren Untersuchungen mit dem Hochfrequenz-Garngleichmäßigkeitsprüfer "Uster" durchzuführen, um aufzuzeigen, in welcher Weise die nach dem kapazitiven Prinzip arbeitenden Gleichförmigkeitsprüfer kurze Dickstellen und Knoten erfassen. Zusätzlich kam der Hy-Lo-Indicator zum Einsatz, da er in seiner Betriebsart "Hy-Lo" zu zählen gestattet, wie oft eine wählbare Toleranzgrenze von der Anzeige des Gleichförmigkeitsprüfgerätes überschritten wird. Es besteht Klarheit darüber, daß eine derartige Anwendung des Gerätes keinen Schluß über seine Tauglichkeit zum Erfassen von kurzen Dickstellen, auch Imperfections genannt, zuläßt.

4. Das Fadenprüfgerät "Elkometer"

Mit dem Elkometer wird ein Prüfgerät vorgestellt, das zum Auffinden von Dickstellen dienen soll. Die Abbildung 1 zeigt das Gerät in Gesamtansicht [13]. Wiedergegeben ist das eigentliche Prüfgerät, welches auf einen geeigneten Tisch gesetzt wird. Davor steht der auf einem besonderen Stativ angeordnete Tastkopf. Weiterhin ist der Fußschalter zum Wiederingangsetzen der Spulvorrichtung ersichtlich, welcher beim Arbeiten naturgemäß auf den Fußboden gestellt wird. Die Garnführung ist gut erkennbar. Die elektrischen Anschlüsse an der Gerätevorderseite dienen der Verbindung mit dem Tastkopf und dem Fußschalter.

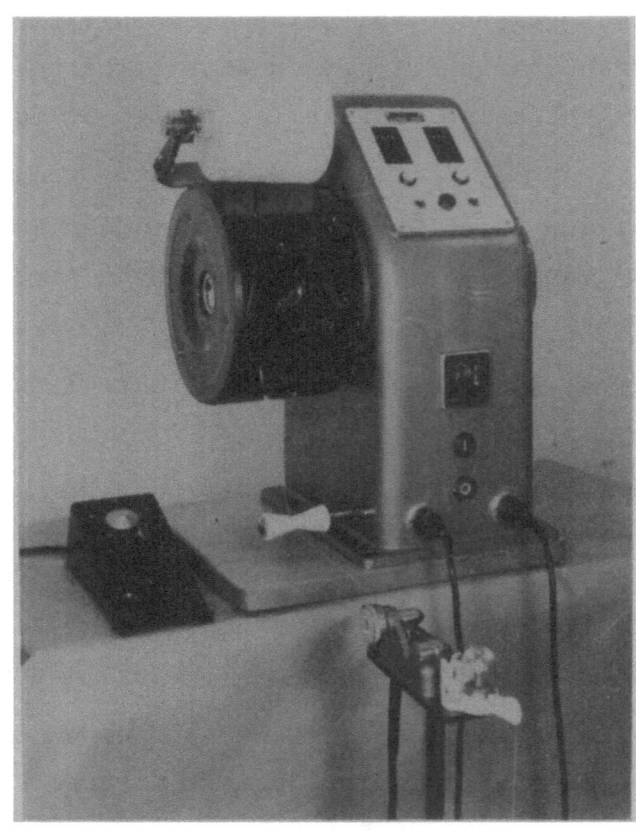

Abbildung 1
Elkometer

Das Elkometer besteht im wesentlichen aus folgenden Teilen:

Der eigentlichen Meßvorrichtung, <u>einem Tastkopf,</u> durch den der Faden fortlaufend hindurchgeführt wird.

Einer <u>Spulvorrichtung</u> zum Aufwinden des geprüften Fadenmaterials in Form zylindrischer oder konischer Kreuzspulen, wobei eine handelsübliche Anordnung mit Nutentrommel, Fadenführung und Halterung für die Spulenkörper Verwendung findet. Die Trommel wird von einem Elektromotor über die kombinierte Anlauf-Brems-Kupplung angetrieben.

Den <u>elektrischen Schaltelementen,</u> welche den beim Durchlauf einer Dickstelle durch den Tastkopf ausgelösten Impuls in geeigneter Weise umformen und zur Betätigung eines Fehlerzählwerkes sowie der Stillstandvorrichtung ausnutzen. Die Wiederingangsetzung erfolgt ebenfalls auf elektrischem Wege, genauso die Längenmessung.

4.1 Beschreibung des Tastkopfes

Der Aufbau und die Wirkungsweise des Tastkopfes ist an Hand der Zeichnung Abbildung 2 zu erläutern. Hierbei bezeichnen 1 einen drehbar in

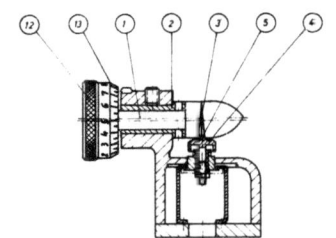

Querschnitt

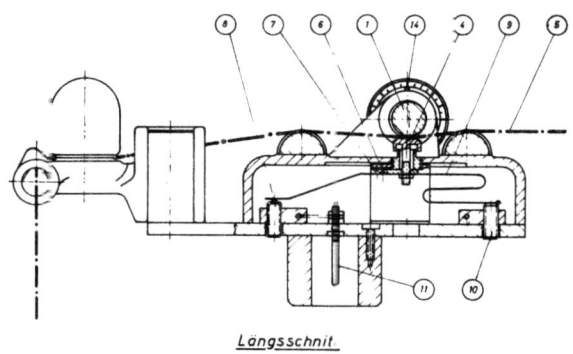

Längsschnitt

Abbildung 2
Schnitte durch den Tastkopf

der Büchse 2 gelagerten Bolzen mit einer für die Fadenführung vorgesehenen Rille 3, die verschieden tief in den Bolzen eingeschnitten ist. Das dem Bolzen beziehungsweise der Rille gegenüberstehende Fühlglied 4 wird mit dem Faden 5 keine Berührung haben, wenn sich dieser durch die angewandte Führung und einer dem Fadenquerschnitt angepaßten Tiefe der Rille fest in diese einlegt und nicht darüber vorsteht.

Das Fühlglied 4 bildet mit seinem bei 6 gelagerten Hebelsystem 7 die eigentliche Tastvorrichtung. Mit 8 ist das für die Ansteuerung der Feinrelais und damit der Zähl- und Abstellvorrichtung vorgesehene Kontaktpaar bezeichnet. Die Blattfeder 9, deren Wirkung durch die Einstellschraube 10 verändert werden kann, dient dazu, das Fühlglied 4 mit einer gewissen Vorspannung an seine Widerlage zu pressen.

Die an der Fußplatte des Tastkopfes angebrachte Steckvorrichtung 11 stellt den Anschluß zu der im Stativ verlegten Steuerleitung her.

4.11 Veränderung der Toleranzgrenze

Wie im Abschnitt 4.1 erläutert, läuft der zu prüfende Faden durch die Rille des Bolzens 1. Der Rille gegenüber steht das Fühlglied 4. Aus den beiden Flanken des Schlitzes und der Oberkante des Fühlgliedes wird somit eine dreieckige Düse gebildet, durch welche der Faden läuft. Solange der freie Querschnitt dieser Düse vom Faden nicht voll ausgefüllt wird, bleibt der Kontakt 8 geschlossen. Übersteigt der Fadenquerschnitt jedoch die durch die Größe des dreieckigen Düsenquerschnittes gegebene Toleranzgrenze, so wird das Fühlglied 4 nach unten beiseite gedrückt und der Stromkreis geöffnet. Sofort nach Durchlaufen des Fehlers schließt sich der Kontakt wieder. Der so entstandene kurze Impuls löst die Zählung beziehungsweise die Abstellung aus.

Die Größe des freien Düsenquerschnittes läßt sich verändern. Zu diesem Zweck wurde die Rille 3 in den Bolzen 1 nicht mit konstanter Tiefe eingearbeitet, sondern derart, daß sich eine kontinuierliche Vergrößerung der Rillentiefe über den halben Bolzenumfang ergibt. Im Verlaufe der zweiten Umfanghälfte vermindert sich diese Tiefe nach dem gleichen Gesetz. Der Bolzen ist, gegen den Widerstand einer gewissen Federreibung, mittels der Rändelschraube 12 drehbar angeordnet. Seine jeweilige Einstellung kann mit Hilfe der Gravierung 13 an der Einstellmarke 14 abgelesen werden. Die Gravierung teilt den halben Umfang des Rändelkopfes in zehn gleichgroße Abschnitte, deren Grenzen von 0 bis 10 bezeichnet sind. Außerdem ist zwischen je zwei Zahlen ein Zwischenwert angegeben. Es lassen sich somit 1/2-Zahlenwerte ablesen und 1/10-Zahlenwerte schätzen.

Aus konstruktiven Gründen steht die gleichmäßige Teilung der Skala zur Schlitztiefe nicht in einem linearen Verhältnis. Diese Zusammenhänge sollen im folgenden an einer kurzen mathematischen Ableitung erläutert werden. In Abbildung 3 ist eine Schnittzeichnung durch den Bolzen wiedergegeben, auf welcher der Schlitz in seiner vollen Größe erscheint. Der Querschnitt des Bolzens ist eine Kreisfläche mit dem Mittelpunkt O, während der nach Einstechen des Schlitzes verbleibende Bolzenkern den Mittelpunkt P hat.

Es soll nun die Tiefe S des Schlitzes in Abhängigkeit vom Winkel α ermittelt werden, wobei angenommen wird, daß infolge der sehr kleinen Exentrizität e die Winkel α und β annähernd gleich sind. Es läßt sich dann die Beziehung aufstellen:

$$s = R - \sqrt{r^2 + e^2 - 2r\,e \cdot \cos\alpha}$$

Die Bedeutung der Formelzeichen ist aus Abbildung 3 ersichtlich.

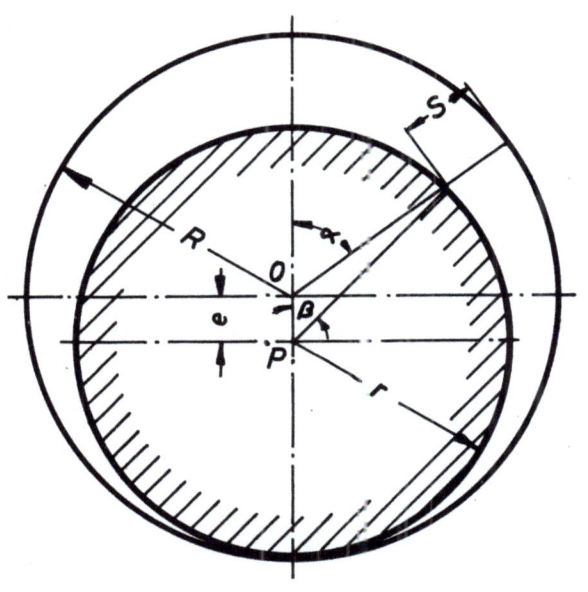
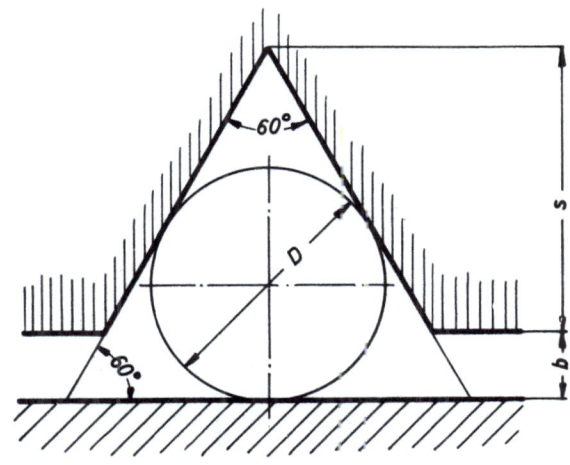

Abbildung 3
Querschnitt durch den Schlitzbolzen

Abbildung 4
Freier Düsenquerschnitt

Im folgenden soll angenommen werden, daß infolge der hohen Durchlaufgeschwindigkeit und einer gewissen Garnfestigkeit der Faden keine Zeit findet, während des Durchlaufes durch die Düse weitgehend seinen Querschnitt der Dreieckform anzupassen, sondern daß er die runde Form behält. Unter dieser Voraussetzung wird die Querschnittsfläche des im Düsendreieck eingeschriebenen Kreises der maximal möglichen Fadenquerschnittsfläche gleichzusetzen sein. Eine Überschreitung dieses Wertes würde das Ansprechen der Meßeinrichtung auslösen. Es ist bei der weiteren Rechnung zu berücksichtigen, daß das Tastglied an den Bolzen nicht unmittelbar anliegt, sondern von diesem um den kleinen Betrag b entfernt ist.

Nach Abbildung 4 besteht der freie Düsenquerschnitt dann aus einem gleichseitigen Dreieck, dessen Höhe sich aus den Komponenten b und s zusammensetzt.

Der Durchmesser des eingeschriebenen Kreises D errechnet sich bei Zugrundelegung der Abbildung 4 zu

$$D = \frac{2}{3}(s+b)$$

Diese Funktion gilt solange, wie der Berührungspunkt des Kreises innerhalb der tatsächlich vorhandenen Seitenflächen des Schlitzes liegt, wandert er infolge kleiner werdendem Schlitz aus diesem Bereich heraus, so ändert sich die Funktion in:

$$D = \frac{s^2}{3b} + b$$

In Abbildung 5 ist der Zusammenhang zwischen dem Durchmesser des im dreieckigen Düsenquerschnitt eingeschriebenen Kreises und der jeweiligen Bolzeneinstellung diagrammäßig darstellt. Die ermittelte Kurve hat in ihren Randbezirken gekrümmte Bereiche, während der Abschnitt, welcher etwa zwischen den Marken 3,5 und 7 liegt, mit guter Annäherung linear verläuft.

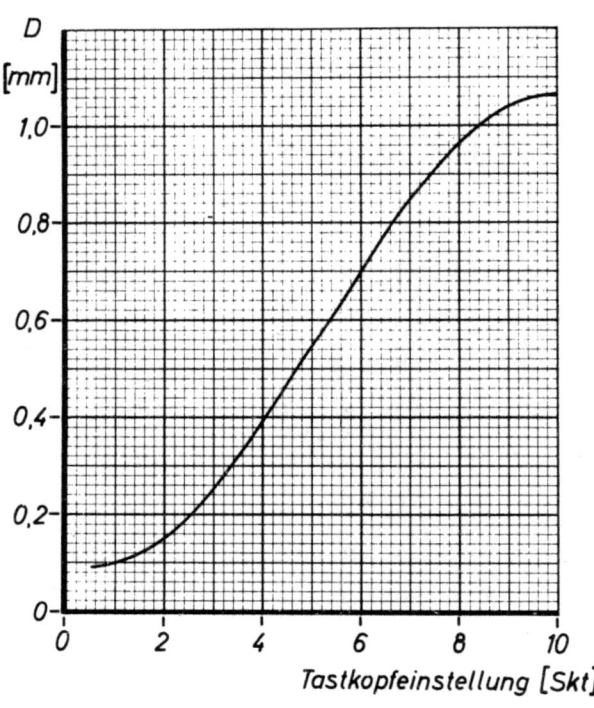

Abbildung 5

Zusammenhang zwischen dem Durchmesser des freien Kreisquerschnittes und der Bolzeneinstellung

4.12 Anpassung der Tastkopfeinstellung an eine gegebene Prüfaufgabe

Die jeweilige Bolzeneinstellung ist so zu wählen, daß Dickstellen der gewünschten Größe gerade noch erfaßt werden. Es ist zweckmäßig, mittels einiger Vorversuche den entsprechenden Einstellwert aufzufinden. Infolge der Vielzahl der zur Verarbeitung kommenden Garnqualitäten und Garnfeinheiten konnten allgemein gültige Regeln nicht festgelegt werden, es ist jedoch geplant, in weiteren groß angelegten Versuchsreihen auf empirischem Wege Einstellrichtlinien zu finden.

Eine gewisse Erleichterung der Neueinstellung des Tastkopfes wäre gegeben, wenn es gelänge, ausgehend von der Einstellung des Tastkopfes bei Prüfung eines Materials bekannter Nummer die für eine andere Nummer gültige Neueinstellung zu finden. Dabei müßte vorausgesetzt sein, daß die Größe der aufzusuchenden Fehlerstellen des ersten Prüfmaterials sich zur Fehlergröße des zweiten umgekehrten proportional wie die Garnnummer verhält, d.h., daß beispielsweise bei feiner werdendem Garn die Fehlerstellen im gleichen Maße kleiner werden sollen.

Für die Aufstellung einer derartigen Regel werden einige Überlegungen erforderlich sein. Es soll zunächst angenommen werden, daß ein Garn in beliebiger Feinheit durch das Elkometer läuft und daß die Tastkopfeinstellung in Vorversuchen so gewählt wurde, daß die gesuchten Fehlerstellen ein Ansprechen des Gerätes auslösen. Zurückgreifend auf Abbildung 4 im vorhergehenden Kapitel bedeutet das, daß ein Garnquerschnitt vom Durchmesser D gerade zum Ansprechen des Prüfgerätes führen soll. Es ist nun möglich, sich einen Faden vorzustellen, der über seine ganze Länge den Durchmesser D hat. Dieser würde dann den Schaltkontakt des Elkometer-Tastkopfes dauernd gerade geöffnet halten. Die Garnnummer für einen solchen gedachten Faden rechnet sich aus

$$Nm = \frac{1}{G}$$

Hierin bedeutet

$$G = \frac{1}{4} \cdot \pi \cdot D^2 \cdot \ell \cdot \gamma \cdot \varphi$$

Eingesetzt in die Formel für die Garnnummer ergibt das

$$Nm = \frac{4}{\pi \cdot \gamma \cdot \varphi} \cdot \frac{1}{D^2}$$

Faßt man den ersten Bruch der rechten Seite dieser Gleichung, der nur Konstanten erhält zu einer gemeinsamen Konstanten $\frac{1}{k}$ zusammen, so ergibt sich

$$Nm = \frac{1}{k} \cdot \frac{1}{D^2}$$

Aus der Auflösung dieser Gleichung nach D folgt bei $N = k \cdot Nm$

$$D = \sqrt{\frac{1}{k \cdot Nm}} = \sqrt{\frac{1}{N}}$$

Die verwendeten Formenzeichen:

- Nm = metrische Garnnummer
- l = Garnlänge
- G = Gewicht
- D = Garndurchmesser
- γ = Spezifisches Gewicht
- φ = Füllungsfaktor, dieser gibt an, welcher Bruchteil des gesamt Garnquerschnittes von Fasermasse erfüllt ist
- k = Konstante
- N = Kennzahl für Garnfeinheit

Die oben angegebene Formel

$$D = \sqrt{\frac{1}{N}}$$

kann benutzt werden, um unter Zuhilfenahme des im Kapitel 4.11 aufgezeigten Zusammenhanges zwischen freiem Düsenquerschnitt und Tastkopfeinstellung einen Zusammenhang zwischen Feinheitskennzahl und Tastkopfeinstellung als Diagramm aufzuzeichnen. Dieser Zusammenhang ist in Abbildung 6 wiedergegeben. Zum praktischen Gebrauch kann diese Abbildung in folgender Weise herangezogen werden: Ausgehend von der ablesbaren Einstellung der Rändelschraube des Tastkopfes muß im Diagramm eine hierzu gehörige Feinheitskennzahl N gefunden werden. Da zwischen dieser und der Garnnummer der Zusammenhang

$$N = k \cdot Nm$$

besteht, läßt sich die Konstante k errechnen aus

$$k = \frac{N}{Nm}$$

wobei Nm die Nummer des geprüften Garnes angibt. Wird die neue Nummer des gleichartigen und unter gleichen Verhältnissen zu prüfenden Garnes mit der gleichen Konstanten k multipliziert, so läßt sich aus der so erhaltenen neuen Feinheitskennzahl N in dem Diagramm die neue Tastkopfeinstellung finden.

Anders dargestellt:

$$N_2 = \frac{Nm_2}{Nm_1} \cdot N_1$$

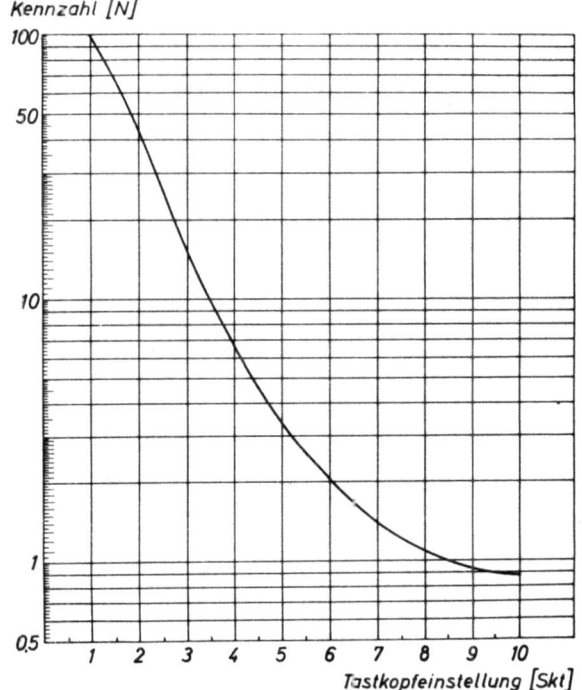

Abbildung 6
Tastkopfeinstellung und Feinheitskennzahl

Wird das neue Garn mit dieser neuen Einstellung geprüft, so werden alle diejenigen Fehlerstellen festgestellt, deren Querschnitt den Sollquerschnitt um das gleiche Vielfache übersteigen, welches auch beim Ausgangsgarn Anwendung fand.

4.2 Beschreibung der Spulvorrichtung

Eine Ansicht des Elkometers mit Tastkopf brachte Abbildung 1. Der Aufbau der Antriebsordnung ist am besten aus der Zeichnung Abbildung 7 ersichtlich. Der dreiphasige polumschaltbare Drehstrommotor DM 90/40 mit angeflanschtem Schneckengetriebe wird an einem Bolzen 520 aufgehängt. Auf diese Weise ist eine Möglichkeit gegeben, die Achsenentfernung zur Welle 508 für die Nutentrommel zu verändern, wenn der Keilriemen auf der auf den Getriebewellenstumpf des Motors aufgesetzten Doppelkeilriemenscheibe umgelegt werden soll.

Durch den Keilriemen erfolgt der Antrieb des drehbar auf der Hauptwelle gelagerten Kupplungsringes 106. Die Mitnehmerscheibe 109 wird durch eine in ihrer Wirkung einstellbare Feder 527 gegen diesen Kupplungsring angepreßt und mitgenommen, wenn die Wicklung 522 der magnet-elektrischen Bremskupplung nicht erregt ist.

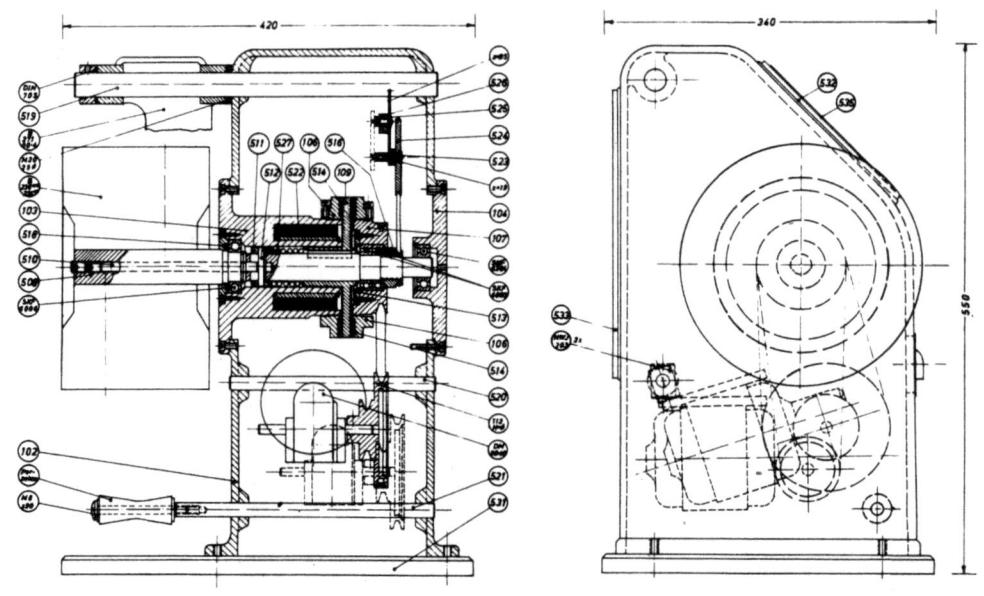

Abbildung 7
Schnittzeichnungen des "Elkometer"

Die Mitnehmerscheibe ist zu diesem Zweck verschiebbar und durch einen Nutenkeil geführt auf der Hauptwelle gelagert. Bei einer solchen Betriebsweise wird also von dem Motor aus über Kupplungs- und Mitnehmerscheibe die Nutentrommel angetrieben. Für die schwenkbare Lagerung der Spulenhalterung dient der Bolzen 519. Es handelt sich hierbei um Normalbauteile, wie sie für Kreuzspulmaschinen Verwendung finden.

Durch eine entsprechende Einstellung ist es möglich, wahlweise zylindrische oder auch konische Kreuzspulen zu erzeugen.

4.21 Magnet-elektrische Bremskupplung

Weitere Einzelheiten über den Aufbau der Bremskupplung sind aus der Zeichnung Abbildung 8 ersichtlich. Diese zeigt die Stellung des Mitnehmers bei wirksamem Magneten, d.h. eingeschalteter Erregerwicklung. Hier wird der Mitnehmer gegen die im Raum stillstehende Bremsscheibe 106 gezogen und legt sich dabei gegen den Bremsring 514 an.

Der Aufbau und die Wirkungsweise der Bremskupplung ermöglicht ein sanftes, stoßfreies Anfahren der Nutentrommel bei laufendem Motor. Die Wirkung der Kupplung beziehungsweise die Mitnahme des Mitnehmers durch die Kupplungsscheibe 106 ist durch unterschiedliches Vorspannen der Schraubenfeder 527 zu verändern. Die Einstellung erfolgt außen vom freien Wellenstumpf hier mittels Innensechskantschraube über den Druckstift 510.

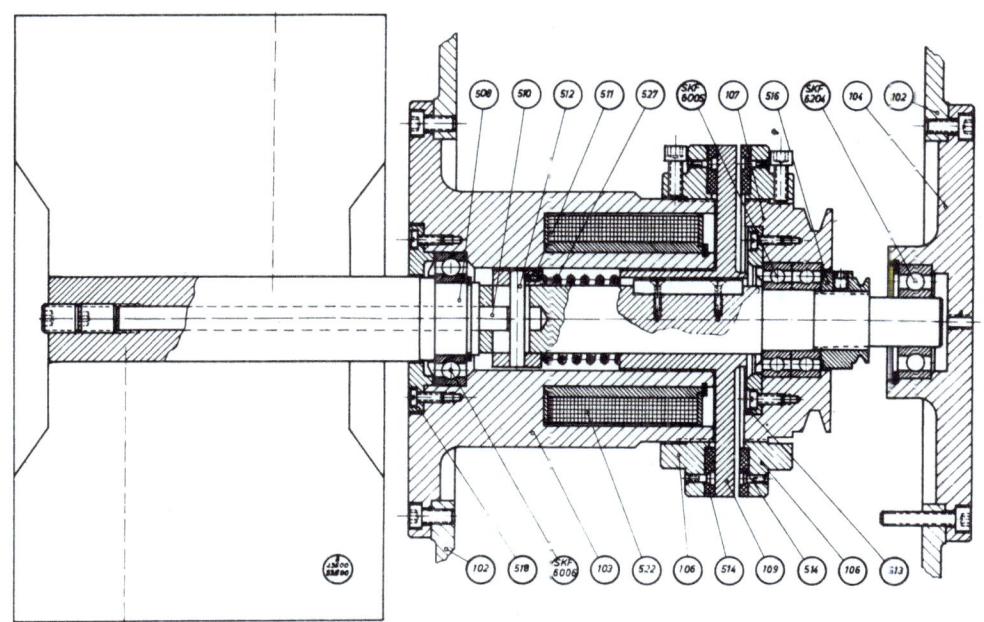

Abbildung 8
Schnitt durch die Bremskupplung

Abbildung 9
Ausgebaute Bremskupplung

Die Größe der Bremskraft ist durch die Zugkraft des Elektromagneten und den sich für Mitnehmer und Bremsbelag ergebenden Reibungskoeffizienten bestimmt. In einem gewissen Maße sind zusätzlich durch Verdrehen des Bremsrings 106 auf dem Magnetgehäuse die Bremskräfte zu verändern, indem der bei angelegter Kupplungsscheibe wirksame Luftspalt unterschiedlich groß eingestellt wird. Der Bremskraft entgegen wirkt die Kraft der Feder 527, jedoch fällt diese, wegen ihrer geringen Größe, bei der Bremsung nicht stark ins Gewicht.

Die magnetelektrische Bremskupplung läßt sich als geschlossene Gruppe aus dem Elkometergehäuse ausbauen. In diesem Zustand ist sie in Abbildung 9 wiedergegeben.

4.3 Schaltanordnung

Der grundsätzliche Aufbau der Schaltanordnung ist aus dem Schaltbild Abbildung 10 ersichtlich.

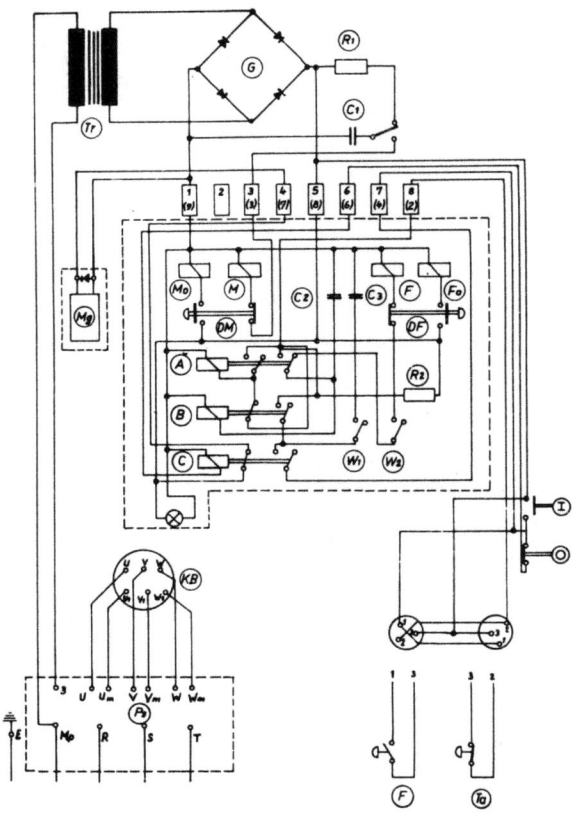

Abbildung 10
Schaltplan

Das Klemmbrett KB des Antriebsmotors wird über den Polumschalter PS an das Drehstromnetz angelegt. Dieser Schalter dient gleichzeitig als Hauptschalter. In Stellung 0 ist das gesamte Gerät stromlos. Bei Schaltstellung I läuft der Motor mit 1400 U/min, bei Stellung II mit 2800 U/min.

Die Kraftübertragung vom Motor auf die Spulvorrichtung erfolgt über die Bremskupplung Mg. Diese ist im unerregten Zustand eingerückt, so daß sich die Drehbewegung des Motors über den Keilriementrieb auf die Spulvorrichtung überträgt.

Der Tastkopf Ta wird über einen Tuchelstecker angeschlossen. Er ist mit der Wicklung des Feinrelais A in Reihe geschaltet. Wird durch Betätigen des Hauptschalters PS das Gerät an Spannung gelegt, dann zieht zunächst das Feinrelais A an. Nach Umlegen eines damit verbundenen Umschaltkontaktes erhält auch die Wicklung des Feinrelais B Spannung und geht in Bereitschaftsstellung.

Das Relais C bleibt zunächst ohne Erregung. Dadurch ist der damit verbundene Schaltkontakt für die Elektromagnetkupplung geschlossen. Diese zieht an, löst dabei die Verbindung zwischen Motor und Spulvorrichtung, so daß der anlaufende Motor die Nutentrommel nicht mitnehmen kann.

Den für die Betätigung der Relais A, B und C und der Bremskupplung Mg, außerdem für die Wicklungen der beiden für Meterzählung und Fehlerzählung vorgesehenen Zählrelais M und F erforderlichen Gleichstrom (24 V) liefert der über den Transformator TR an das Wechselstromnetz angeschlossene Gleichrichter G.

Inbetriebnahme der Spulvorrichtung und damit des Gerätes erfolgt durch Drücken des Eindruckknopfes I oder eines zusätzlich angeschlossenen Fußschalters F. Hierdurch wird das Relais C betätigt, dessen Wicklung dann über einen Selbsthaltekontakt dauernd am Netz verbleibt, auch wenn Druckknopf oder Fußschalter wieder losgelassen werden.

Eine durch einen Garnfehler am Tastkopf Ta bewirkte Kontaktunterbrechung hat zur Folge, daß die Wicklung des Feinrelais A stromlos wird. Dadurch erhält die Wicklung des Fehlerzählrelais F bei eingelegtem Schalter W2 (mit/ohne Fehlerzählung) einen Stromstoß aus einem vorher aufgeladenen Elektrolytkondensator C_2 und schaltet dabei um eine Zahl weiter.

Dem Feinrelais B kommt dabei die Aufgabe zu, die Kontaktgabe eine ganz bestimmte Zeit aufrechtzuerhalten und ein sicheres Durchschalten des Fehlerzählers zu gewährleisten, auch dann, wenn der Kontakt im Tastkopf Ta nur kurzzeitig geöffnet war. Diese Verzögerung wird dabei dadurch erreicht, daß der für die Fortschaltung des Fehlerzählwerkes vorgesehene große Elektrolytkondensator die Erregung für das Feinrelais B eine kurze Zeit aufrechterhält.

Ist der Schalter W1 auf "mit Abstellung" eingestellt, dann wird durch Abfall des Feinrelais B auch der Erregerstromkreis für das Relais C unterbrochen. Es fällt ab und dabei schließt der Kontakt für die Bremskupplung. Diese wird erregt, löst den Antrieb von der Spulvorrichtung und bewirkt, daß die gleichzeitig einfallende Stopbremse die Nutentrommel mit der dauernd darauf anliegenden Kreuzspule rasch zum Stillstand bringt, so daß der Faden nach Ansprechen des Tastkopfes nur einen bestimmten kurzen Weg zurücklegt, damit der Fehler in einem bestimmten Abstand hinter dem Tastkopf sichtbar wird.

Während die Feinrelais A und B sofort wieder neu in Bereitschaftsstellung gehen, bleibt C stromlos, damit der Kontakt für die Bremskupplung geöffnet und die Spulvorrichtung im Stillstand. Erst durch erneutes Betätigen des Eindruckknopfes beziehungsweise des Fußschalters läuft die Spulvorrichtung wieder an.

Während bei dieser Betriebsweise bei Durchlauf einer Fehlerstelle durch den Tastkopf Zählrelais und Bremskupplung gemeinsam und gleichzeitig wirksam werden, läßt sich das Elkometer bei Umlegen des Schalters W1 auf "ohne Abstellung" auch in der Weise betreiben, daß der Faden fortlaufend gefördert wird und beim Auftreten von Fehlerstellen lediglich das Fehlerzählwerk anspricht. Durch besondere Maßnahmen ist dabei dafür gesorgt, daß das Gerät nicht weiterlaufen kann, wenn der Tastkopf durch Flugfasern verschmutzt und die Zählvorrichtung unwirksam wird.

Umgekehrt ist es möglich, mit der Bremskupplung zu arbeiten, aber auf die Anzeige des Fehlerzählwerkes zu verzichten. In diesem Falle ist der Schalter W2 entsprechend umzulegen.

Dem Zählwerk M kommt die Aufgabe zu, anzuzeigen, wieviel Fadenmaterial während einer Prüfung aufgewunden wird. Zu diesem Zweck ist eine Kontaktvorrichtung über ein Untersetzungsgetriebe mit der Nutentrommel derart verbunden, daß jeweils nach 10 m geförderter Fadenlänge eine Kontaktgabe erfolgt. Hierdurch wird das Meterzählwerk ausgelöst und vermittelt entsprechende Angaben.

Die Rückführung der elektrischen Zählwerke ist durch Betätigen der Druckknöpfe DM und DF möglich.

4.31 Zählertafel

Alle wichtigen, zur Schalteinrichtung gehörenden Teile sind auf der oben in das Gehäuse einzusetzenden Tafel (Abb. 11 und 12) zusammengefaßt und entsprechend verdrahtet. Die Verbindungen zum Geräteinneren werden über eine Steckerleiste geführt, so daß es möglich ist, nach Lösen von 4 Befestigungsschrauben die Zählertafel nach vorn herauszuziehen, wenn sich irgendeine Überprüfung als erforderlich erweist oder auch das Innere des Elkometergehäuses zugänglich gemacht werden soll. Im Gehäuse getrennt untergebracht ist der Hauptschalter für den Motor, die aus Transformator und Gleichrichter bestehende Stromversorgungsanlage für die eigentliche Meßeinrichtung, der die Meterzählimpulse vermittelnde Kontakt, Ein- und Ausdruckknöpfe und zwei Tuchelsteckvorrichtungen, die für den Anschluß des Tastkopfes und des Fußschalters dienen.

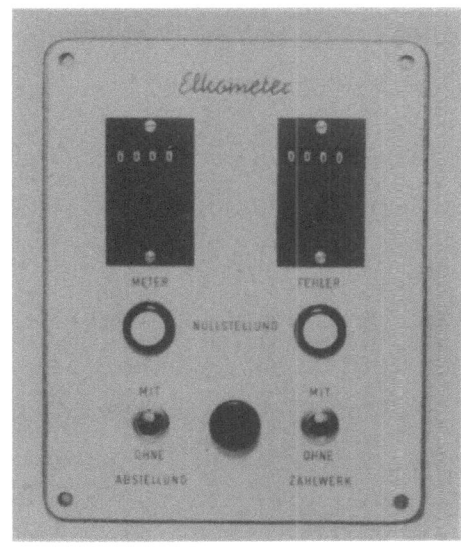

Abbildung 11
Vorderansicht der Zählertafel

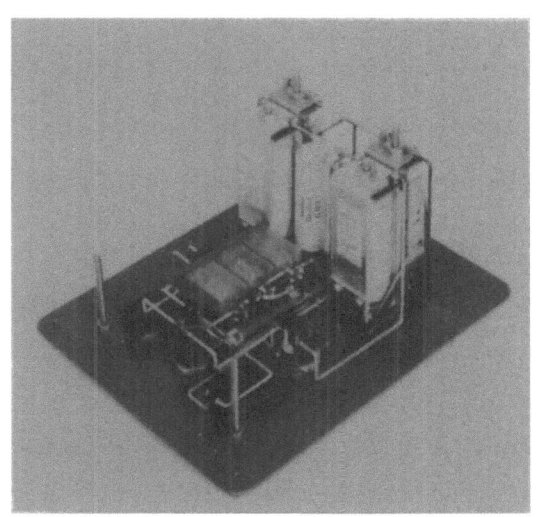

Abbildung 12
Rückseite der Zählertafel

5. Durchgeführte Untersuchungen

Die nachstehend zu behandelnden Ergebnisse durchgeführter Untersuchungen sollen einen Einblick in die Arbeitsweise des Elkometers vermitteln. Parallel zu den Elkometerprüfungen wurden orientierende Untersuchungen mit dem Hochfrequenz-Gleichförmigkeitsprüfer Uster Modell B und einem Hy-Lo-Indicator durchgeführt.

In den Abschnitten 5.1 bis 5.15 werden zunächst Knotenversuche behandelt. In ein Fadenmaterial mit hoher Gleichförmigkeit (Reyon) wurden in bestimmten Abständen von Hand Knoten eingebracht, die gleich dimensioniert waren und relativ zum Garnquerschnitt erhebliche Fadenverdickungen darstellen.

Die folgenden Abschnitte 5.2 bis 5.24 behandeln die Ergebnisse von Dickstellenprüfungen an Woll- und Baumwollgespinsten.

Weiterhin wird gezeigt (5.3 bis 5.33) wie es mit dem Elkometer möglich ist, Nissen- beziehungsweise Noppenzählungen durchzuführen.

Der Tastkopf kann schließlich so empfindlich eingestellt werden, daß es möglich ist, dadurch auch endloses multifiles Fadenmaterial auf Flusen zu überprüfen und gebrochene Kapillarfäden aufzufinden (Abschnitt 5.4).

5.1 Knotenversuche

Um einen Einblick in die Wirkungsweise der Meßeinrichtung des Elkometers zu erhalten, galt es vor allem zu untersuchen, wie unter gegebenen Voraussetzungen das Resultat der Messung beeinflußt wird durch:

die Einstellung des Meßgliedes
die angewandte Prüfgeschwindigkeit und
den Abstand der einander folgenden Dickstellen.

Mit einer Veränderung der Meßkopfeinstellung wird zweifellos die Meßeinrichtung unterschiedlich ansprechen, wenn ein Prüfling von einer bestimmten Garnnummer und für ihn charakteristischen Querschnittsschwankungen zur Untersuchung kommt. Die Einstellung des Tastkopfes ist also einmal der Nummer, außerdem der vorliegenden Aufgabenstellung entsprechend vorzunehmen. Eine grobe Einstellung kommt in Frage, wenn lediglich grobe Dickstellen erfaßt werden sollen. Eine verhältnismäßig enge Einstellung des Meßschlitzes wird dagegen zu wählen sein, wenn Nissen und Noppen zu zählen sind.

Die Prüfgeschwindigkeit wird bei der gewählten Konstruktion für den Tastkopf und die elektrischen Schaltelemente ohne Einfluß bleiben, wenn bei einer groben Einstellung des Tastkopfes nur selten ein Ansprech- beziehungsweise Zählimpulse gegeben ist. Insbesondere gilt diese Überlegung also für einen Einsatz zur Dickstellenfindung, wobei mit eingeschalteter Bremskupplung gearbeitet wird und die Spulvorrichtung zwecks Sichtbarmachen der Fehlerstelle jeweils zum Stillstand kommt.

Beim Zählen von Nissen und Noppen mit entsprechend feiner Tastkopfeinstellung ist dagegen damit zu rechnen, daß der Tastkopf sehr häufig ausgelöst wird. Hier ergeben sich Begrenzungen bezüglich der möglichen Anzeigegeschwindigkeit dadurch, daß die Kontaktvorrichtung des Tastkopfes in ihre Ausgangslage zurückgekehrt sein muß, ehe ein neues Ansprechen möglich wird. Die Trägheit der eingesetzten Feinrelais ist dagegen sehr gering. Das sichere Ansprechen der Zählrelais wird durch eine Verriegelungsschaltung (vergl. hierzu die in Absatz 4.3 gemachten

Ausführungen) erzielt, so daß ein vom Tastkopf erzeugter Schaltimpuls auch sicher zum Ansprechen des Zählwerkes führen wird. Zu beachten bleibt, daß das Zählrelais zum Durchführen einer Schaltung natürlich eine bestimmte Zeit benötigt und daß deshalb nicht beliebig hohe Zählfrequenzen zu erzielen sind. Mit Untersuchungen, die der Ermittlung des Einflusses der Prüfgeschwindigkeit dienen, wird deshalb vor allem aufzuzeigen sein, welche kleinsten Zeitintervalle für die Zählfolge zu erreichen sind.

Bei einer gegebenen Dickstellenfolge ist für eine Beurteilung der Prüfgeschwindigkeit ausschlaggebend, wieweit die Meßeinrichtung noch sicher ansprechen wird. Umgekehrt interessiert, wie dicht die Dickstellen beziehungsweise Knoten einander folgen können, wenn eine bestimmte gleichgehaltene Prüfgeschwindigkeit Anwendung findet.

5.11 Herstellen des Versuchsfadens

Als Versuchsmaterial wurde Reyon 180 den. verwendet. Die Knotenstellen sind in Form von Weberknoten eingebracht worden. Durch Abschneiden blieb dafür zu sorgen, daß die beiden Fadenenden eine gleiche Länge aufwiesen. Um mit dem gleichen Prüfling nacheinander Untersuchungen über den Einfluß des Knotenabstandes durchführen zu können, wurde dieser in der Weise vorbereitet, daß nach einem "Vorspann" zunächst eine Reihe von 10 Knoten mit je 50 cm Abstand folgte. Eingeknüpft war nunmehr ein knotenfreies Zwischenstück von 50 m Länge, um das Fehlerzählrelais nach Durchführung einer ersten Messung überprüfen beziehungsweise ablesen und dabei zurückstellen zu können. Bei der Gruppe der nächsten 10 Knoten betrug der Knotenabstand 40 cm. In gleicher Weise baute sich der Rest des Testfadens auf, wobei einem weiteren knotenfreien Stück jeweils 10 Knoten mit 30 cm, 20 cm und 10 cm Abstand folgten.

5.12 Einfluß der Tastkopfeinstellung

Gemäß der bereits angestellten Überlegungen ist anzunehmen, daß die Anzahl der Knoten bei allen den Tastkopfeinstellungen richtig erfaßt wird, bei denen der freie Düsenquerschnitt etwas kleiner als der kleinste Knoten und etwas größer als der Garnquerschnitt ist. Vorausgesetzt ist dabei, daß die Knoten den Tastkopf mit zeitlichen Abständen durchlaufen, die größer als die Ansprechzeit des Gerätes sind. Es wurden entsprechende Tastkopfeinstellungen gewählt und festgestellt, welcher prozentuale Anteil der insgesamt durch das Gerät geführten Knoten ein Ansprechen verursachten. Das Ergebnis dieser Untersuchungen wird mit

Abbildung 13 als Diagramm für die Prüfgeschwindigkeit 75 m/min und die oben angegebenen fünf verschiedenen Knotenabstände wiedergegeben. Alle 5 Kurven liegen deckend aufeinander und fallen zwischen den Einstellwerten 4 und 4,5 steil ab. Der Kurvenverlauf zeigt, daß praktisch keine Unterschiede im Durchmesser der Knoten vorhanden sind. Daraus läßt sich folgern, daß diese sorgfältig ausgeführt wurden und hinsichtlich ihres Durchmessers gleich ausgefallen sind.

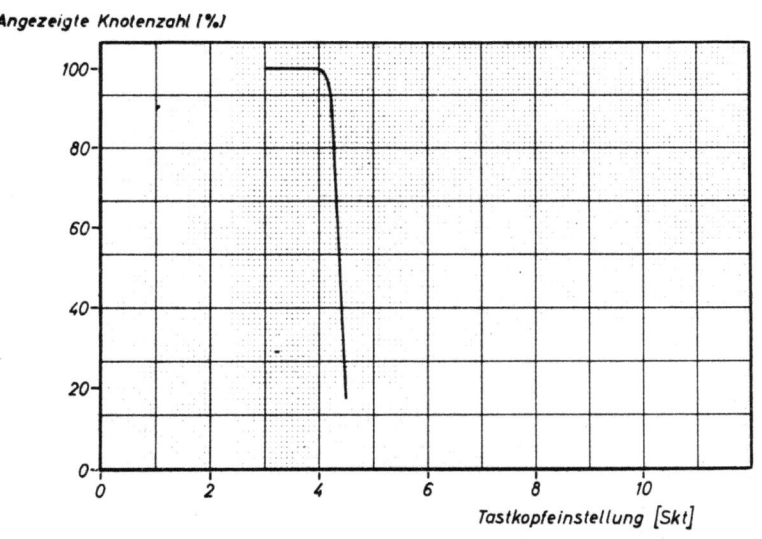

A b b i l d u n g   13
Einfluß der Tastkopfeinstellung
Prüfgeschwindigkeit 75 m/min

Bei der in diesem Falle angewandten Prüfgeschwindigkeit von 75 m/min, der kleinsten, die normalerweise beim Elkometer einzustellen ist, zeigte sich, daß Unterschiede in der Ansprechempfindlichkeit der Meßeinrichtung für die verschiedenen Knotenabstände bis herunter zu 10 cm nicht gegeben sind.

5.13 Einfluß der Prüfgeschwindigkeit

Um den Einfluß der Prüfgeschwindigkeit auf das Meßergebnis zu ermitteln, wurde der Testfaden mit den für das Elkometer üblichen Prüfgeschwindigkeiten 75, 150 und 300 m/min durch den Meßschlitz des Tastkopfes geführt. Nachdem sich bei den Vorversuchen (vergl. Abschnitt 5.12) gezeigt hat, daß mit einer Einstellung des Tastkopfes auf 4.0 Skalenteile die eingebrachten Knoten noch gut erfaßt werden, kam die gleiche Einstellung auch für die Ermittlung des Einflusses der Prüfgeschwindigkeit zur Anwendung.

Die Anzahl der vom Elkometer ausgeführten Schaltungen, bezogen auf die Zahl der durchgelaufenen Knoten, wurde in Abbildung 14 als Diagramm über der Tastkopfeinstellung aufgetragen. Es ergibt sich daraus, daß die Geschwindigkeit erst dann einen Einfluß auf die Anzeige nimmt, wenn dadurch die Knotenfolge ein bestimmtes Zeitintervall (0,06 sec) unterschreitet.

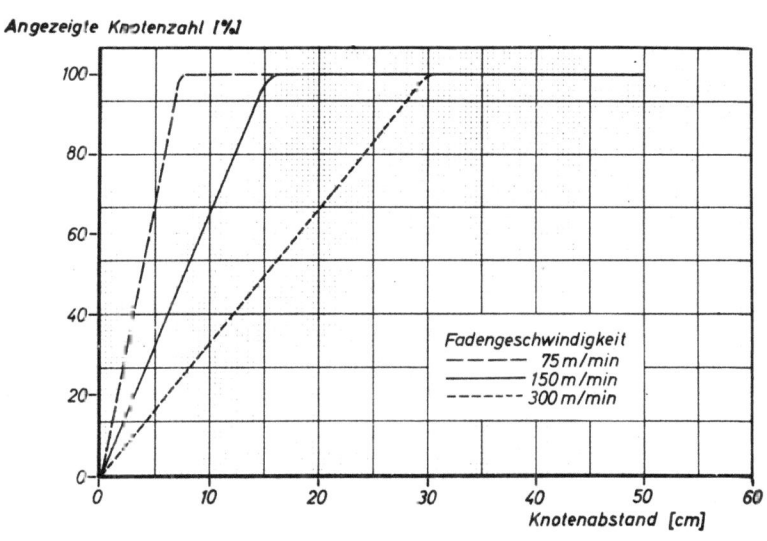

A b b i l d u n g 14
Einfluß der Prüfgeschwindigkeit und des Knotenabstandes
Tastkopfeinstellung: 4 Skt.

Für eine Knotenfolge von 10 cm Abstand wird beispielsweise bei 75 m/min noch jeder Knoten richtig erfaßt. Eine Steigerung auf 150 m/min hat zur Folge, daß die Anzeige der Zählvorrichtung bis auf 66 % des Sollwertes zurückgeht und bei 300 m/min weiter bis auf etwa 35 % abfällt.

5.14 Einfluß des Knotenabstandes

Bei den Versuchen mit unterschiedlicher Prüfgeschwindigkeit, die zur Aufstellung des Kurvenblattes Abbildung 14 führten, wurden gleichzeitig auch Aussagen über die Auswirkungen eines unterschiedlichen Knotenabstandes gefunden.

Betrachtet für die mittlere Prüfgeschwindigkeit 150 m/min läßt die genannte Kurve erkennen, daß bis herab zu einer Knotenfolge von 16 cm Abstand die Meßeinrichtung noch richtig anzeigt und daß bei weiterer Verkleinerung des Knotenabstandes das Gerät nur noch unsicher arbeitet, wobei der prozentuale Anteil der angezeigten Knoten ständig abnimmt.

Aus diesen Prüfergebnissen ist zu entnehmen, daß bei dem gewählten Aufbau des Tastkopfes und der für die Meßeinrichtung verwendeten Schaltung von Beginn des Ansprechens eine Zeit von 0,06 sec vergehen muß, ehe das Gerät für eine nächste Zählung wieder einsatzbereit ist. Hierbei gilt, daß die Öffnungszeit des Tastkopf-Kontaktes kürzer sein kann.

5.15 Registrierung der Meßimpulse

Aufschlußreich ist in diesem Zusammenhang eine Registrierung der auftretenden Impulse. Diese ließ sich in der Weise mit einem an das Elkometer angeschlossenen Kompensationsschreiber vornehmen, daß auf einem mit konstanter Geschwindigkeit transportierten Registrierpapierstreifen je Impuls ein kurzer Strich aufgezeichnet wurde. Infolge der Trägheit des verwendeten Kompensationsschreibers können diese Aufzeichnungen keine Angaben über Impulshöhe und Impulsdauer entnommen werden. Abbildung 15 zeigt diese Aufnahmen; es ist daraus die exakte Arbeitsweise des Gerätes ersichtlich.

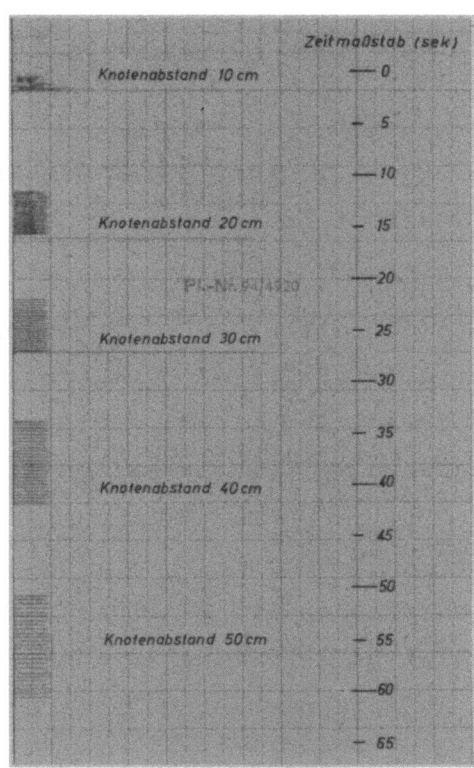

A b b i l d u n g 15
Registrierung von Knotengruppen
mittels Kompensationsschreiber

Die ersten 10 Knoten erscheinen wegen des geringen Knotenabstandes (10 cm) als eng geschriebenes Schwankungsspiel. Bei dem größten Knotenabstand (50 cm) erfolgen die einzelnen Registrierungen in Strichform sauber nebeneinander.

5.16 Auffinden von Knoten mit Gleichförmigkeitsprüfgeräten

Die nach dem kapazitiven Verfahren arbeitenden Hochfrequenzgleichförmigkeitsprüfer bedienen sich zur Bestimmung der Garnquerschnittsschwankung elektrischer Meßkondensatoren mit einer durch die endliche Ausdehnung der Kondensatorenplatten gegebenen Meßlänge. Diese läßt sich unter Umständen durch elektrische Kunstgriffe weiter vergrößern. Es ist einleuchtend, daß eine Dickstelle, welche ein derartiges Gerät durchläuft, nur dann in ihrer wahren Größe angezeigt werden kann, wenn ihre Länge annähernd gleich der mechanischen, evtl. elektrisch vergrößerten, Meßlänge des Gerätes oder größer als diese ist. Erreicht sie diese nicht, so wird eine scheinbare Streckung dieser Dickstelle auf die Meßlänge des Gerätes erfolgen und die Höhe der Anzeige um ein entsprechendes Maß vermindert.

Nach den vorstehenden Überlegungen ist zu erwarten, daß die Größe eines Knotens des in Abschnitt 5.11 beschriebenen Knotengarnes, dessen tatsächlicher Querschnitt den Garnquerschnitt um ein Mehrfaches übersteigt, beim Durchlaufen des Meßkondensators eines Hochfrequenzgarn-Gleichmäßigkeitsprüfers nicht so erfaßt wird wie es seiner Eigenart als ins Auge fallende Störung des Garnbildes entsprechen würde. Um Fehlanzeigen zu vermeiden, wie sie bei den angewandten hohen Prüfgeschwindigkeiten einem schreibendem Gerät unterlaufen können, wurde im vorliegenden Falle zum Garngleichmäßigkeitsprüfer "Uster" der "Hy-Lo-Indicator" eingesetzt. Dieser gestattet, in der Betriebsart "Hy-Lo" zahlenmäßig zu erfassen, wie oft die Uster-Anzeige eine wählbare obere oder untere Grenze überschreitet. Die registrierten Spitzen können dabei äußerst kurz sein. Da die vorliegenden Knotengarne keine auffallenden Dünnstellen aufweisen, wurde auf die Benutzung des unteren Einstellwertes verzichtet und lediglich registriert, welcher Anteil der insgesamt vorhandenen Knoten durch eine kapazitive Gleichförmigkeitsprüfung als solche erkannt werden können. Die Einstellung der oberen Toleranzgrenze am "Hy-Lo-Indicator" wurde hierbei von 0 bis + 100 % variiert.

In Abbildung 16 ist das Ergebnis dieser Messung graphisch dargestellt. Es ergab sich, daß bei der verwendeten Prüfgeschwindigkeit von 50 m/min

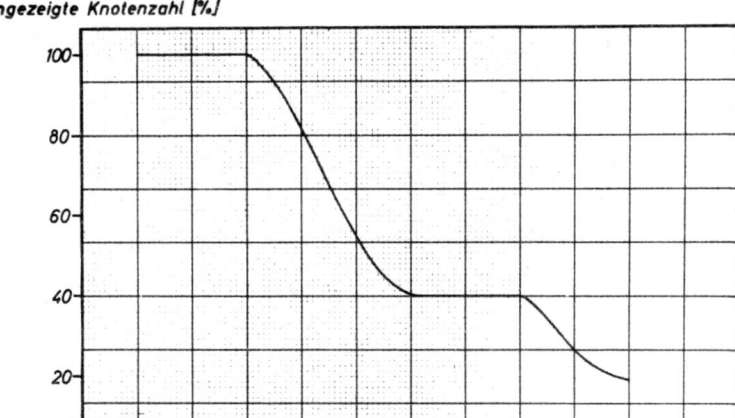

Abbildung 16
Einfluß der Hy-Lo-Einstellung
Prüfgeschwindigkeit 50 m/min
Knotenabstand 20 cm

sämtliche Knoten nur dann zur Anzeige kamen, wenn als obere Toleranzgrenze + 30 % Abweichung vom Sollquerschnitt gewählt wurde. Nur dank der Verwendung von Reyonmaterial für das Knotengarn war es überhaupt möglich, eine derartige Prüfung durchzuführen. Wäre statt dessen ein - eventuell noch stark ungleichmäßiges - Garn aus Stapelfasern eingesetzt worden, so hätten zweifellos die durch die Knoten hervorgerufenen Anzeigeänderungen unterhalb des allgemeinen Ungleichförmigkeitspegels gelegen und Knoteneinflüsse wären im aufgezeichneten Diagramm nicht erkennbar gewesen, obgleich die Knoten selbst im Garn zweifellos deutlich sichtbar sind.

Ergänzend zu diesen Untersuchungen sollte festgestellt werden, welchen Einfluß der Knotenabstand auf derartige Messungen nimmt. Wie zu erwarten, zeigt sich, daß das Meßergebnis hierdurch nicht verändert wird, solange ein gewisser Mindestabstand erhalten bleibt. Dieser ist jedoch nicht durch die Arbeitsweise des Gleichförmigkeitsprüfgerätes bedingt, sondern resultiert aus den auch für das Ansprechen des "Hy-Lo-Indicators" erforderlichen Schaltzeiten. Das Ergebnis dieser Prüfung wird in Abbildung 17 dargestellt.

Zu beachten ist, daß bei Prüfungen auf dem Uster-Prüfgerät und Verwendung der dort für den Faden eingesetzten Transportvorrichtung nicht die gleichen Prüfgeschwindigkeiten einzustellen waren, wie beim Elkometer.

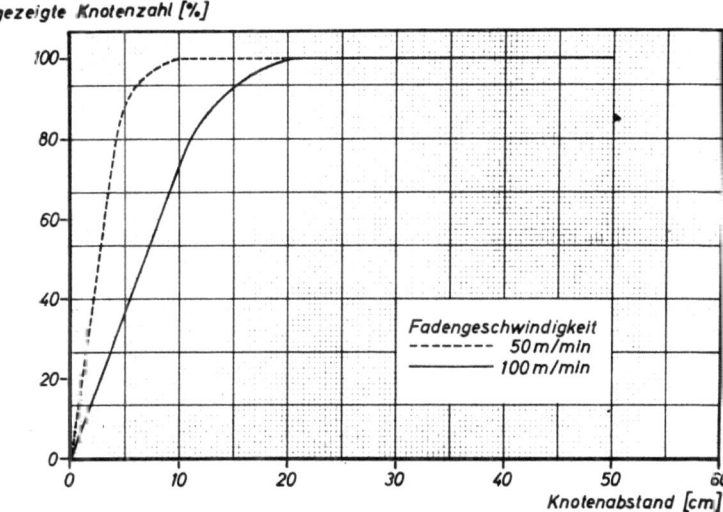

Abbildung 17
Einfluß der Prüfgeschwindigkeit und des Knotenabstandes
Hy-Lo-Einstellung + 20 %

Das Elkometer ist als ausgesprochenes Dickstellenprüfgerät gebaut und ermöglicht deshalb relativ große Prüfgeschwindigkeiten. Der Hochfrequenzgleichförmigkeitsprüfer Uster wird im allgemeinen mit wesentlich kleineren Fadengeschwindigkeiten betrieben, um dem Registriergerät eine Möglichkeit zu geben, alle vorhandenen Querschnittsschwankungen größenmäßig noch richtig aufzuzeigen.

5.2 Dickstellenprüfungen an Gespinsten aus Wolle, Baumwolle und Chemiefasern

5.21 Versuchsdurchführung

Bei einer Prüfung auf grobe Dickstellen (vergl. Abschnitt 2.21) interessiert nicht allein die Anzahl der Fehler, die verteilt über eine bestimmte Fadenlänge auftreten. Vielmehr gilt es, die Art des Fehlers beziehungsweise die Fehlerursache zu ermitteln. Den für diesen Zweck eingesetzten Prüfgeräten ist also die Aufgabe zu stellen, nicht nur die Fehlerstellen zu zählen, sondern durch schnelles Stillsetzen der Abzugsvorrichtung dieselben sichtbar zu machen. So ist es möglich, festzustellen, ob Materialfehler, Bedienungsfehler oder Unzulänglichkeiten der im Produktionsprozeß eingesetzten Arbeitsmaschinen vorliegen.

Für die im nachfolgenden behandelten Dickstellenprüfungen wurde das Elkometer "mit Abstellung" betrieben; beim Ansprechen des Tastkopfes auf einen durchgelaufenen Fadenfehler ist also jeweils die Bremskupplung zur Wirkung gebracht worden.

5.22 Anfertigung von Schautafeln

In der Textilindustrie ist es seit langem üblich, das Aussehen eines Fadens beziehungsweise eines Gespinstes oder Zwirnes visuell zu beurteilen, indem mit Tafel- oder Trommelgleichförmigkeitsprüfern Schautafeln hergestellt werden. Diese erlauben es, Querschnittsschwankungen - gegebenenfalls solche von periodischem Charakter - zu erkennen. Außerdem werden auf diese Weise außer groben Dickstellen auch Noppen und Nissen sichtbar, die sich in dem auf einer Tafel aufgewundenen oder auf schwarzes Papier aufgezogenen Fadenstücken befinden. Die auf diese Weise jeweils einer Beurteilung zugeführte Fadenlänge ist verhältnismäßig gering.

Sind andere Garneigenschaften (Gleichförmigkeit, Nissen-Noppenhäufigkeit und dergl.) nicht von Interesse, sondern kommt es vielmehr auf eine Dickstellenbeurteilung an, dann empfiehlt es sich beim Arbeiten mit dem Elkometer ebenfalls, Schautafeln anzufertigen, hierbei aber wesentlich größere Längen zu überprüfen und jeweils nur die Fadenstücke aufzuziehen, die ausgesprochen grobe Fehler enthalten.

Liegt bei der Elkometerprüfung eine solche Aufgabenstellung vor, dann sind also nach Ansprechen der Meßeinrichtung die fehlerhaften Fadenstücke auszuknoten. Auf diese Weise ist eine Möglichkeit gegeben, das übrige nicht zu beanstandende Fadenmaterial in Kreuzspulenform aufzuwinden und einer Weiterverwendung zuzuführen.

Um aufzuzeigen, wie bei einer solchen Fadenprüfung zweckmäßig zu verfahren ist, werden mit den Abbildungen 18 und 19 Schautafeln gezeigt, die bei Elkometerprüfungen angefertigt wurden. Es kamen dabei verschiedene Fadenmaterialien zur Vorlage. Die Schautafeln zeigen für den Betriebsfachmann anschaulich auf, was jeweils zu beanstanden ist und worauf eine solche Beanstandung zurückgeführt werden muß.

Zeigt sich, daß aufgefundene Anleger unsachgemäß ausgeführt sind, dann wird dies Veranlassung geben, das Spinnpersonal beziehungsweise die betreffende Spinnerin auf diesen Umstand hinzuweisen und sie entsprechend anzuleiten. Häuft sich der Faseranflug, dann ist durch geeignete Maßnahmen (Abblasevorrichtungen, häufigeres Putzen der Maschine, Änderung des Klimas im Spinnsaal u.a.) dafür zu sorgen, daß der Anfall von Flugfasern vermindert wird. Treten unverzogene Vorgarnstellen Doppelfäden und dergleichen auf, dann bleibt zu überlegen, ob und durch welche Maßnahmen die Arbeitsweise der eingesetzten Spinnereimaschinen insbesondere deren Streckwerke zu verbessern ist.

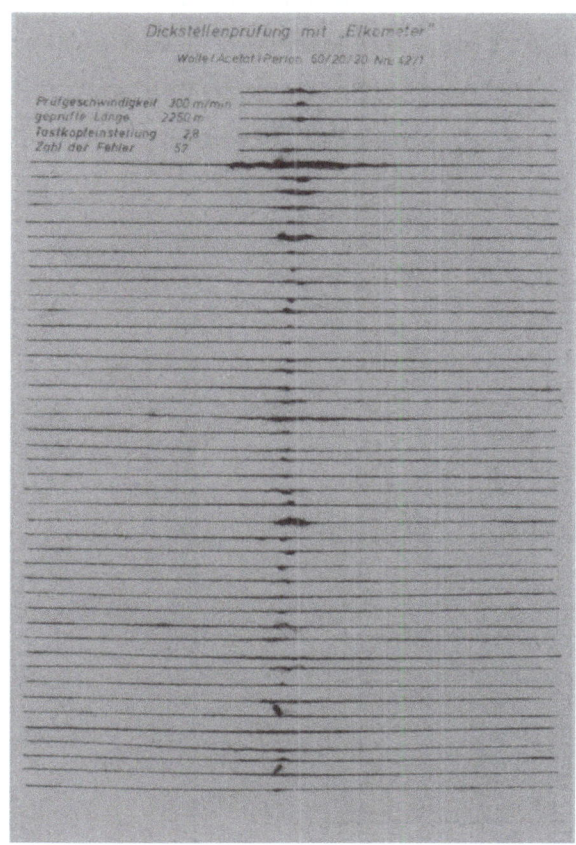

A b b i l d u n g 18
Grobe Dickstellen aus Wollgarnen

A b b i l d u n g 19
Grobe Dickstellen aus
Baumwollgarnen

5.23 Durchführung von Betriebskontrollen

Mit den in Abschnitt 5.22 gemachten Ausführungen wurde bereits aufgezeigt, wie durch Anfertigung von Schautafeln Möglichkeiten gegeben sind, Fehler und Fehlerursachen zu erkennen. Vielfach wird es zweckmäßig sein, einschlägige Beobachtungen unter verschiedenen Voraussetzungen durchzuführen.

Hierbei gilt es unter anderem festzustellen, wie sich auf den verwendeten Rohstoff klimatische Bedingungen und die Art beziehungsweise die Einstellung der verwendeten Maschinen auswirken. Vergleichende Untersuchungen sind vielfach über längere Zeitabschnitte anzustellen. Es ist deshalb erforderlich, die jeweils gefundenen Meßergebnisse in übersichtlicher Form nach einem bestimmten Schema zusammenzustellen. Gegebenenfalls ist diese den jeweils vorliegenden Betriebsverhältnissen entsprechend unterschiedlich aufzustellen. Prüfprotokoll I, Abbildung 20, bringt hierzu ein Beispiel. Dabei ist vorgesehen, daß die das Elkometer bedienende Laborantin Registrierungen in Form von Strichlisten vornimmt, aus denen die Häufigkeit zu erkennen ist, mit der bestimmte Fehler auftreten und die auch eine Möglichkeit geben, für die Bewertung Zahlenangaben zu finden, aus denen die jeweils vorliegende Fehleranzahl pro 1000 m Fadenlänge entnommen werden kann.

Elkometerprüfung.
(auf Dickstellen - auf Abstellung)

Material: .... Nm: .... ermittelte LU %: ....
Qualität: .... T/m: .... Lieferfirma: ....

Prüfgeschwindigkeit: ...... Tastkopfmodell: ....
Nr. des Tastkopfes: .... Tastkopfeinstellung: ....

Art des Fehlers	Fehleranzahl					Gesamt- anteil	Anteil %
	Cops Nr.1	Cops Nr.2	Cops Nr.3	Cops Nr.4	Cops Nr.5		
Andreher							
Anflug							
Aufrauhung							
unverzogenes Vorgarn							
Doppelfäden							
Knoten							
Schalen							
Verdickungen unbekannter Herkunft							
Gesamtfehler							

Geprüfte Länge in m: .... Fehler pro 1000 m: ....

Bemerkungen:

Ort: .... Name: ....
 für die Richtigkeit
 ....

Abbildung 20
Prüfprotokoll über die Erfassung grober Dickstellen
(Format DIN A 4)

5.24 Registrierung der Meßergebnisse

Wie schon im Abschnitt 5.15 ausgeführt, kann die elektrische Meßeinrichtung zum Elkometer so ausgelegt werden, daß der Anschluß eines elektrischen Tintenschreibers möglich ist. Die Ausschläge der Schreibvorrichtung auf einem fortlaufend bewegten Registrierpapier lassen dann erkennen, ob eine gleichmäßige Verteilung der auftretenden Fehler über eine gewisse Fadenlänge gegeben ist. Eine derartige Untersuchungsmethode hat beispielsweise dann Interesse, wenn festgestellt werden soll, ob der Faden beim Spinn- und Aufwindeprozeß auf der Ringspinnmaschine unterschiedlich aufgerauht wird. Oft wird beobachtet, daß der mit großer Winkelgeschwindigkeit auf der Ringbahn kreisende Läufer an der Stelle, wo er an der eigentlichen Laufbahn anliegt, durch Verschleiß scharfkantig wird.

Je nach Ausbildung des Fadenballons, also unterschiedlich für die Ansatzbildung, den weiteren Aufbau des Spulenkörpers, für das Legen der letzten Windungen auf den nahezu vollen Kops und die periodische Hubbewegung der Ringbank, wird der durch den Läufer hindurchgeführte Faden den Läuferbogen an verschiedenen Stellen umschlingen. Kommt er dabei dicht an die Verschleißstellen heran, dann besteht durch scharfe Kanten die Gefahr eines Aufrauhens. Insbesondere kann ein solcher ungünstiger Betriebszustand für den vollen Kops gegeben sein, und es ist vielfach zu beobachten, daß sich aufgerauhte Stellen im Fadenmaterial des oberen Kopsdrittels befinden.

Das Elkometer erfaßt natürlich auch Faserzusammenschiebungen, die auf diese Weise entstanden sind. Mit einem angeschlossenen Registriergerät

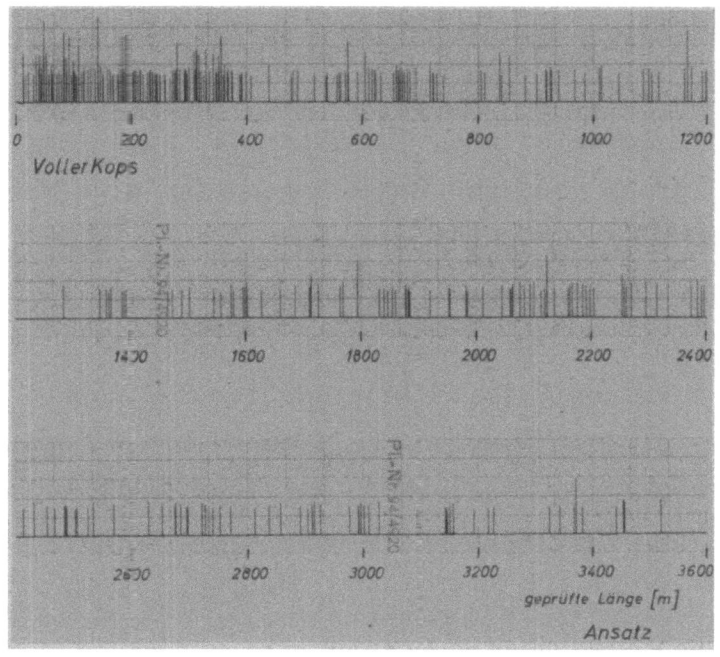

A b b i l d u n g   21
Dickstellenverteilung längs eines Zellwollkopses

kann es also Verwendung finden, um über solche Vorgänge im Spinn- und Aufwindefeld der verwendeten Ringspinnmaschine Aufschlüsse zu erhalten.

Ein bei solchen Prüfungen aufgezeichneter Registrierstreifen wird mit Abbildung 21 wiedergegeben. Selbstverständlich ist es auch möglich, nach vorhandenen Meßergebnissen Diagramme aufzutragen. Wird dabei auf den Einsatz eines Registriergerätes verzichtet, dann lassen sich Meßpunkte dadurch gewinnen, daß das Ablesen des Fehlerzählwerkes nach gleichen Zeitabständen oder nach Durchlauf bestimmter Fadenlängen erfolgt.

In ähnlicher Weise kann verfahren werden, wenn die Fadenbruchhäufigkeit bei Umspulprozessen studiert werden soll. Hier wird die Zahl der Knoten zu registrieren sein, wenn anzunehmen ist, daß beim Erzeugen harter Kreuzspulen unzulässige in der Höhe der Bruchlast liegende Fadenspannungen auftreten, die hin und wieder zum Fadenbruch führen und daß diese Vorgänge durch zusätzliche Gegebenheiten - beispielsweise die sich beim Abziehen des Fadenmaterials an einem vorgelegten Spulenkörper einstellenden Vorspannungen (Ballonspannungen) - maßgeblich beeinflußt werden.

5.3 Nissen- und Noppenzählungen

5.31 Versuchsdurchführung

Wird die Meßeinrichtung beim Elkometer so eingestellt, daß nicht nur grobe Dickstellen, sondern auch Nissen, Noppen und eingesponnene Fremdkörper erfaßt werden, dann ist mit einem häufigen Ansprechen des Tastkopfes beziehungsweise des angeschlossenen Zählwerkes zu rechnen.

Unter diesen Voraussetzungen kommt ein Arbeiten mit eingeschalteter Bremskupplung normalerweise nicht in Frage, da wegen der öfteren Stillstände die Überprüfung größerer Fadenlängen dann eine unerwünscht lange Zeit beansprucht.

Es wird jedoch zweckmäßig sein, zunächst eine orientierende Voruntersuchung durchzuführen, derart, daß durch Arbeiten "mit Abstellung" ermittelt wird, auf welche Dickstellengröße der Tastkopf noch ansprechen soll. Hierbei ist eine Einstellung zu finden, die Nissen, Noppen und eingesponnene Fremdkörper gerade noch in einer Größe erfaßt, die für eine Beurteilung des vorliegenden Fadenmaterials nach "Unreinigkeiten" von Bedeutung ist.

Auch hierbei können Schautafeln angefertigt werden, die zur Beurteilung nachfolgend, mit durchlaufender Spulvorrichtung, gefundener Zahlenwerte heranzuziehen sind.

Abbildung 22
Noppen aus Wollgarnen

Abbildung 23
Nissen aus Baumwollgespinsten

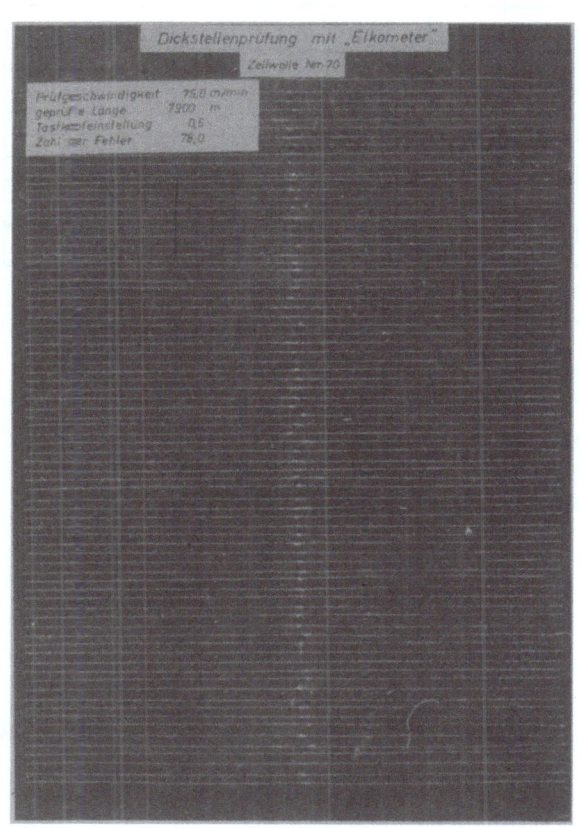

Abbildung 24
Nissen aus Zellwollgespinsten

Die Abbildungen 22, 23 und 24 zeigen bei Woll-, Baumwoll- und Zellwollgespinsten mit empfindlicher Tastkopfeinstellung aufgefundene Fehlerstellen geringen Ausmaßes.

5.32 Auswertung der Meßergebnisse

Für die Auswertung einer Prüfung, die auch Nissen und Noppen weiterhin eingesponnene Fremdkörper erfaßt, wird das Prüfprotokoll II Abbildung 25 vorgeschlagen. Auch hier hat zu gelten, daß dieses nur als Muster dienen soll und daß es gegebenenfalls ratsam ist, die Ausführung den jeweils vorliegenden Anforderungen und den gegebenen Betriebsverhältnissen anzupassen.

Elkometerprüfung.
(auf Nissen, Noppen, Schalen - ohne Abstellung)

Material:.......... Nm.......... ermittelte W %.......
Qualität:.......... Drehung/m..............
Lieferfirma:....-...............
Prüfgeschwindigkeit: 75m/min - 150m/min - 300m/min *)
Tastkopfmodell: Baumwolle - Wolle - Reyon *)
Nr des Tastkopfes:..............
Tastkopfeinstellung:......... Skt   *) unzutreffendes streichen

Tabelle

Spule (Cops) Nr.	gezählte Fehler X_i	geprüfte Länge m	Fehlerzahl pro 1000 m	Abweichung vom Mittelwert $X_i - \bar{X}_a$	quadratische Abweichung $(X_i - \bar{X}_a)^2$	Bemerkungen
N			Mittelwert $\bar{X}_a$	Abweichung : Mittel	$\Sigma(X_i - \bar{X}_a)^2$	

Auswertung

Mittelwert $\bar{X}$

$$\bar{X} = \bar{X}_a + \frac{1}{N}\Sigma(X_i - \bar{X}_a)$$

Standartabweichung s

$$s = \pm \sqrt{\frac{\Sigma(X_i - \bar{X}_a)^2 - N(\bar{X} - \bar{X}_a)^2}{N-1}}$$

Variationskoeffizient CV

$$CV = \frac{s}{\bar{X}} \cdot 100\%$$

Vertrauensbereich mit einer statistischen Sicherheit von 95%.

$$q = t \frac{s}{\sqrt{N}}$$

$\bar{X}_a$ = angenommener Mittelwert
N = Anzahl der Prüfungen
t = Faktor zur Festlegung des Vertrauensbereiches eines Mittelwertes.

Ort........ Datum........... Name...........
                                          für die Richtigkeit
                                          ....

A b b i l d u n g   25
Prüfprotokoll über die Erfassung von Nissen und Noppen
(Format DIN A 4)

Wie bei der Knotenprüfung (vergl. Abschnitt 5.14) gezeigt wird, ist der Zählgeschwindigkeit der elektrischen Meßeinrichtung beziehungsweise der verwendeten Zählwerke aus technischen Gründen eine gewisse Grenze gesetzt. Das wird sich in der Weise auswirken, daß mit einer Erhöhung der Prüfgeschwindigkeit für ein bestimmtes Fadenmaterial die Zahl der vom Prüfgerät erfaßten Fehler zurückgeht. Deutlich ist dieses Verhalten aus dem Kurvenschaubild Abbildung 26 ersichtlich. Hier wird gezeigt, wie für einen zur Prüfung vorgelegten Kammgarnzwirn 32/2 von 300 m Länge, die vom Fehlerzählwerk registrierte Fehleranzahl für bestimmte Tastkopfeinstellungen abfällt, wenn zunächst mit einer Prüfgeschwindigkeit von 75 m/min, dann mit 150 m/min und schließlich mit 300 m/min gearbeitet wird. Die zugehörige Tabelle 1 gibt die bei der Prüfung ermittelten und zur Auftragung der Kurven verwendeten Meßwerte an.

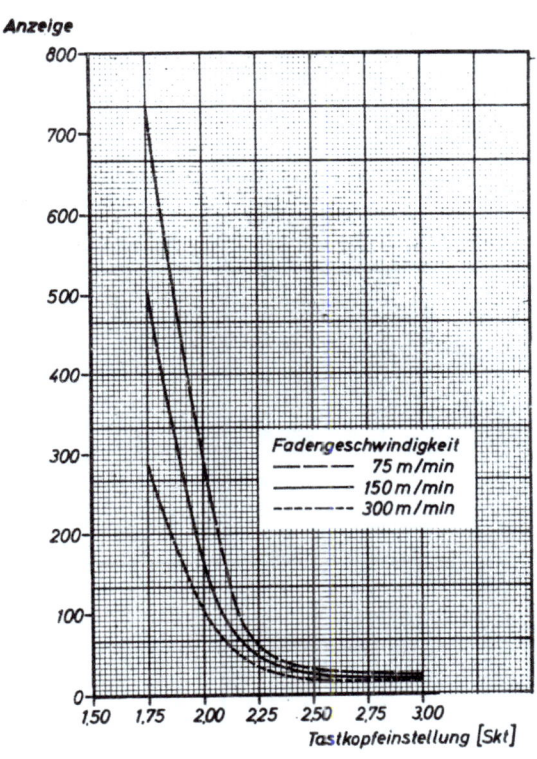

A b b i l d u n g 26
Einfluß der Tastkopfeinstellung
(Kammgarnzwirn Nm 32/2)

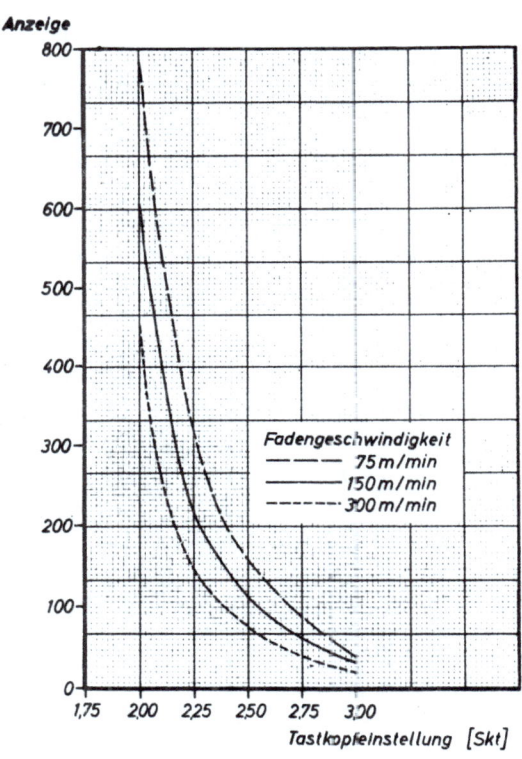

A b b i l d u n g 27
Einfluß der Tastkopfeinstellung
(Baumwollgarn Nm 50)

Nach der vorliegenden Darstellung wäre es grundsätzlich möglich, auch für verschiedene Prüfgeschwindigkeiten eine gleiche Anzeigeempfindlichkeit zu erzielen, wenn die Tastkopfeinstellung entsprechend korrigiert wird. Ein solches Verfahren ist jedoch nicht zu empfehlen, vielmehr

Tabelle 1

Anzeige (Elkometer) in Abhängigkeit von der Meßkopfeinstellung bei verschiedenen Fadengeschwindigkeiten und jeweils 4 Durchgängen (Mittelwert)

Geprüftes Material
Woll-Kammgarn Nm 32/2
Fadenlänge 300 m

Prüfgeschwindigkeit 75 m/min

Meßkopf-einstellung	Durchgang				Mittel
	1	2	3	4	
1,75	786	693	775	656	728
2,00	289	314	340	298	310
2,25	57	49	50	45	50
2,50	21	36	26	40	31
2,75	19	16	20	18	18
3,00	16	15	13	14	15

Prüfgeschwindigkeit 150 m/min

Meßkopf-einstellung	Durchgang				Mittel
	1	2	3	4	
1,75	549	547	571	548	554
2,00	172	148	174	143	159
2,25	46	37	45	49	44
2,50	28	30	29	30	29
2,75	18	21	19	22	20
3,00	13	16	12	17	15

Prüfgeschwindigkeit 300 m/min

Meßkopf-einstellung	Durchgang				Mittel
	1	2	3	4	
1,75	255	300	264	294	287
2,00	109	97	121	101	110
2,25	36	33	30	27	32
2,50	16	16	19	16	17
2,75	12	13	13	13	13
3,00	6	15	17	7	11

Tabelle 2

Anzeige (Elkometer) in Abhängigkeit von der Meßkopfeinstellung bei verschiedenen Fadengeschwindigkeiten und jeweils 4 Durchgängen (Mittelwert)

Geprüftes Material
Baumwollgarn Nm 50
Fadenlänge 500 m

Prüfgeschwindigkeit 75 m/min

Meßkopf-einstellung	Durchgang				Mittel
	1	2	3	4	
2,00	822	743	752	840	789
2,25	266	254	279	289	272
2,50	179	169	167	142	164
2,75	150	111	103	92	114
3,00	55	43	38	24	40

Prüfgeschwindigkeit 150 m/min

Meßkopf-einstellung	Durchgang				Mittel
	1	2	3	4	
2,00	678	700	699	738	704
2,25	167	191	196	229	196
2,50	111	112	103	99	106
2,75	49	35	40	39	41
3,00	33	37	15	19	26

Prüfgeschwindigkeit 300 m/min

Meßkopf-einstellung	Durchgang				Mittel
	1	2	3	4	
2,00	475	497	395	431	450
2,25	153	165	153	160	158
2,50	63	67	57	59	62
2,75	28	26	28	30	28
3,00	15	17	16	20	17

sollten Vergleichsversuche immer unter genau gleichen Voraussetzungen, d.h. mit gleicher Prüfgeschwindigkeit und mit gleicher Tastkopfeinstellung durchgeführt werden.

Bei Nissen- und Noppenzählungen genügt es im allgemeinen, auf die Überprüfung sehr großer Fadenlängen zu verzichten. Dadurch wird es in den meisten Fällen möglich, die mit dem Elkometer einstellbare kleinste Prüfgeschwindigkeit von 75 m/min anzuwenden und damit für das Ansprechen der Meßeinrichtung beziehungsweise des Fehlerzählwerkes gute Voraussetzungen zu schaffen. Die Untersuchungsergebnisse von Elkometerprüfungen an einem Baumwollgespinst, bei dem es darauf ankam, Nissen und eingebundene Fremdkörper zu erfassen, sind aus der Abbildung 27 und der dazugehörigen Tabelle 2 ersichtlich.

5.4 Prüfung von endlosen Chemiefäden

Grundsätzlich ist es möglich, den Tastkopf des Elkometers so empfindlich einzustellen, daß bereits einem endlosen Fadenmaterial anhaftende aufgeschobene Kapillarfasern die Kontaktvorrichtung desselben auslösen. Wird der Führungsschlitz für den Faden im Tastkopf mit geringer Tiefe und Breite ausgebildet, dann kann endloses Fadenmaterial evtl. auch auf hervorstehende einzelne gebrochene Kapillarfasern oder Kapillarschlaufen überprüft werden.

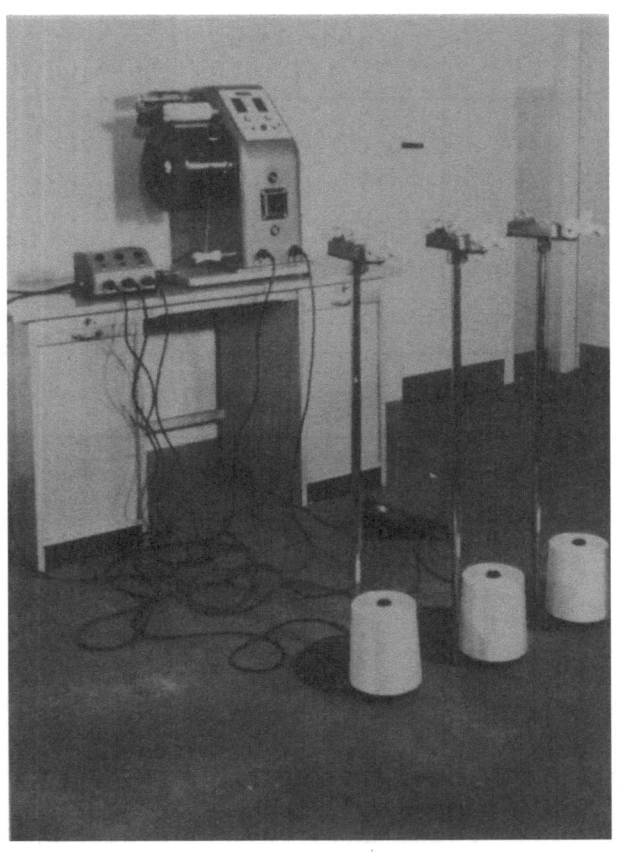

A b b i l d u n g 28
Elkometer mit drei Tastköpfen

Um mit einem Gerät gleichzeitig mehrere Fäden zu überprüfen, können einer Spulvorrichtung mehrere Tastköpfe vorgeordnet werden, deren Anschlüsse dann in einem Vorsatzgerät zusammengefaßt sind. Dieses steht mit der Meßeinrichtung im Elkometer in der Weise in Verbindung, daß beim Durchlauf einer Fehlerstelle wiederum das Fehlerzählwerk und bei Betrieb mit Abstellung auch die Bremskupplung anspricht. Eine solche Zusatzeinrichtung ist aus Abbildung 28 ersichtlich. Sie ist mit Anzeigelampen ausgestattet. Diese lassen erkennen, von welchem Tastkopf aus der Zähl- beziehungsweise Abstellimpuls gegeben wurde. Das ist vor allem dann wichtig, wenn mit einer sehr feinen Tastkopfeinstellung gearbeitet wird zwecks Erfassung von Kapillarfadenbrüchen oder Kapillarschlaufen, die mit dem bloßen Auge nicht ohne weiteres zu erkennen sind.

6. Zusammenfassung

Es wird ein neuartiges Fadenprüfgerät beschrieben, welches, ausgehend von der vorliegenden Aufgabenstellung, zum Auffinden von Fadenverdikkungen dient wie sie in Form von Anlegern, Anflug, schlecht verzogenen Vorgarnstücken und ähnlichen groben Dickstellen, außerdem als Nissen oder Noppen und eingesponnenen Fremdkörpern vorliegen.

Der zu überprüfende Faden durchläuft einen Tastkopf und wird hierbei abgefühlt. Sobald der Fadenquerschnitt eine bestimmte einstellbare Toleranzgrenze überschreitet, spricht der Tastkopf an und betätigt ein Zählwerk, wahlweise eine elektromagnetische Bremskupplung. Diese ist zwischen dem polumschaltbaren Antriebsmotor und der Spulvorrichtung eingeordnet, welche den zu überprüfenden Faden mit hoher Geschwindigkeit durch den Tastkopf zieht und in Kreuzspulform (konisch oder zylindrisch) aufwindet.

Die Arbeitsweise des Gerätes wurde grundsätzlich durch Einsatz eines Versuchsfadens (Knotengarnes) untersucht und weiterhin aufgezeigt, auf welche Weise Qualitätsprüfungen und praktische Betriebskontrollen durchzuführen sind. In diesem Zusammenhang werden Vorschläge gemacht, wie die Erfassung und Auswertung der gefundenen Meßergebnisse zweckmäßig vorzunehmen ist.

7. Literaturverzeichnis

[1] SPENCER-SMITH, J.L. und H.A.C. TODD
A time series met with in textile Research
Supplement to the Journal of the Royal Statistical Society
7 (1940/41) S. 131/45

[2] MARTINDALE, J.G.
New method of measuring irregularity of yearns with some observations on the origin of irregularities in worsted silvers and garns
Journ. Textile Institute 36 (1945) S. T35/47

[3] HENNING, H.
Statistische Methoden bei der Bewertung der Garnungleichmäßigkeit
Melliand Textilberichte 36 (1955) S. 702-705, 785-786, 894-895, 991-996

[4] TOWNSEND, M.W.
The assessment of yarn quality
Journ. Textile Institute 40 (1949) S. P566/82

[5] SCHNEIDER, H.W.
Elektronische Fadenreiniger auf Spulmaschinen
Reyon, Zellwolle und andere Chemiefasern, 1957 S. 853

[6] SCHENKEL, E.
Über die Qualitex Fadenreiniger
Textil-Praxis 13 (1958) S. 256/60

[7] MATTHEW, I.A. und I.E. SPENCER-SMITH
New Methods for detecting yarn faults during winding
Journ. Textile Institute 1935, S. 177

[8] FRANZ, E. und H.J. HENNING — Über die Messung der Gleichmäßigkeit von Kammgarnen und Vorgarnen mit der Fotozelle,
Melliand Textilberichte 1935
S. 710, 761

[9] HENNING, H.J. — Die Bestimmung der Noppigkeit von Kammgarnen
Melliand Textilberichte 1936,
S. 45

[10] HENNING, H.J. — Über einige neue Prüfapparate für Zellwolle, Seide und Kunstseide
Melliand Textilberichte 1936,
S. 45

[11] WALZ, R. — Neue amerikanische Baumwolltestgeräte (II)
Textil-Praxis 11 (1956) S. 867/71

[12] BURKHART, W. — Die Ermittlung der Häufigkeit von Nissen, Schalen und andere Unreinigkeiten in Garnen
Melliand Textilberichte 37 (1956)
S. 15/21

[13] STEIN, H. — Beobachtungs-, Meß- und Prüfgeräte für die Textilindustrie
De Tex 15 (1956), S. 1214/1224,
S. 1366/1374

7.1 Patentliteratur

DBP 331 825 Kl. 76 d — Walter Mc Gee & Son Limited, Albion Works in Laighpark Paisley Renfrewshire, Schottland
"Ausrückvorrichtung für Garnkontrollmaschinen"

DRP 633 717 Kl. 76 d   Universal Winding Company in Boston
                              Boston, Mass. U.S.A.
                              Prüfvorrichtung für Spul- und ähn-
                              liche Textilmaschinen zum Fest-
                              stellen von dünnen Stellen im Garn
                              oder dergl.

DRP 676 225 Kl. 42 k   Rudolf Kämmerich, Gebr. Colsman
                              Essen-Kupferdreh
                              Einrichtung zum Prüfen von Garnen
                              auf äußere mechanische Ungleich-
                              mäßigkeiten

DRP 964 645 Kl. 42 b   H. van Lingen und H.W. Schneider
                              I.F. Scholten und Zonen, Nieder-
                              lande
                              Vorrichtung zur Kontrolle von
                              Textilfäden

DBP 875 020 Kl. 76 d   O. Heer-Wegmann
                              Zwirnerei Heer Neuhaus S/G Schweiz
                              Einrichtung zur Fadenkontrolle,
                              insbesondere an Spul- und Facht-
                              maschinen

Außerdem ist zu verweisen auf die USA Patentschriften Nr. 1 915 204,
2 565 500, 2 671 199, 2 699 701 und die französische Patentschrift
Nr. 1 113 701.

FORSCHUNGSBERICHTE DES LANDES NORDRHEIN-WESTFALEN

Herausgegeben durch das Kultusministerium

FASERFORSCHUNG · TEXTILTECHNIK · WÄSCHEREIFORSCHUNG

HEFT 3
Techn.-Wissenschaftl. Büro für die Bastfaserindustrie, Bielefeld
Untersuchungsarbeiten zur Verbesserung des Leinenwebstuhls I
1952, 44 Seiten, 7 Abb., 3 Tabellen, DM 12,50

HEFT 9
Techn.-Wissenschaftl. Büro für die Bastfaserindustrie, Bielefeld
Untersuchungen über die zweckmäßige Wicklungsart von Leinengarnkreuzspulen unter Berücksichtigung der Anwendung hoher Geschwindigkeiten des Garnes
Vorversuche für Zetteln und Schären von Leinengarnen auf Hochleistungsmaschinen
1952, 48 Seiten, 7 Abb., 7 Tabellen, DM 9,25

HEFT 13
Techn.-Wissenschaftl. Büro für die Bastfaserindustrie, Bielefeld
Das Naßspinnen von Bastfasergarnen mit chemischen Zusätzen zum Spinnbad
1953, 52 Seiten, 4 Abb., 19 Tabellen, DM 10,—

HEFT 15
Wäschereiforschung Krefeld
Trocknen von Wäschestoffen. I. Lufttrocknung: Untersuchungen an Tumblern
1953, 40 Seiten, 14 Abb., 2 Tabellen, DM 9,—

HEFT 17
Ingenieurbüro Herbert Stein, M.-Gladbach
Untersuchung der Verzugsvorgänge in den Streckwerken verschiedener Spinnereimaschinen. 1. Bericht: Vergleichende Prüfung mit verschiedenen Dickenmeßgeräten
1952, 36 Seiten, 15 Abb., DM 8,—

HEFT 18
Wäschereiforschung Krefeld
Grundlagen zur Erfassung der chemischen Schädigung beim Waschen
1953, 68 Seiten, 15 Abb., 15 Tabellen, DM 12,75

HEFT 19
Techn.-Wissenschaftl. Büro für die Bastfaserindustrie, Bielefeld
Die Auswirkung des Schlichtens von Leinengarnketten auf das Verarbeitungswirkungsgrad sowie die Festigkeit und Dehnungsverhältnisse der Garne und Gewebe
1953, 48 Seiten, 1 Abb., 9 Tabellen, DM 9,—

HEFT 20
Techn.-Wissenschaftl. Büro für die Bastfaserindustrie, Bielefeld
Trocknung von Leinengarnen I
Vorgang und Einwirkung auf die Garnqualität
1953, 62 Seiten, 18 Abb., 5 Tabellen, DM 12,—

HEFT 21
Techn.-Wissenschaftl. Büro für die Bastfaserindustrie, Bielefeld
Trocknung von Leinengarnen II
Spulenanordnung und Luftführung beim Trocknen von Kreuzspulen
1953, 66 Seiten, 22 Abb., 9 Tabellen, DM 13,—

HEFT 22
Techn.-Wissenschaftl. Büro für die Bastfaserindustrie, Bielefeld
Die Reparaturanfälligkeit von Webstühlen
1953, 28 Seiten, 7 Abb., 5 Tabellen, DM 5,80

HEFT 26
Techn.-Wissenschaftl. Büro für die Bastfaserindustrie, Bielefeld
Vergleichende Untersuchungen zweier neuzeitlicher Ungleichmäßigkeitsprüfer für Bänder und Garne hinsichtlich ihrer Eignung für die Bastfaserspinnerei
1953, 64 Seiten, 30 Abb., DM 12,50

HEFT 29
Techn.-Wissenschaftl. Büro für die Bastfaserindustrie, Bielefeld
Die Ausnützung der Leinengarne in Geweben
1953, 100 Seiten, 14 Abb., 10 Tabellen, DM 17,80

HEFT 32
Techn.-Wissenschaftl. Büro für die Bastfaserindustrie, Bielefeld
Der Einfluß der Natriumchloridbleiche auf Qualität und Verwebbarkeit von Leinengarnen und die Eigenschaften der Leinengewebe unter besonderer Berücksichtigung des Einsatzes von Schützen- und Spulenwechselautomaten in der Leinenweberei
1953, 64 Seiten, 2 Abb., 12 Tabellen, DM 11,50

HEFT 34
Textilforschungsanstalt Krefeld
Quellungs- und Entquellungsvorgänge bei Faserstoffen
1953, 52 Seiten, 13 Abb., 13 Tabellen, DM 9,80

HEFT 35
Prof. Dr. W. Kast, Krefeld
Feinstrukturuntersuchungen an künstlichen Zellulosefasern verschiedener Herstellungsverfahren. Teil I: Der Orientierungszustand
1953, 74 Seiten, 30 Abb., 7 Tabellen, DM 13,80

HEFT 41
Techn.-Wissenschaftl. Büro für die Bastfaserindustrie, Bielefeld
Untersuchungsarbeiten zur Verbesserung des Leinenwebstuhles II
1953, 40 Seiten, 4 Abb., 5 Tabellen, DM 7,80

HEFT 63
Textilforschungsanstalt Krefeld
Neue Methoden zur Untersuchung der Wirkungsweise von Textilhilfsmitteln
Untersuchungen über Schlichtungs- und Entschlichtungsvorgänge
1954, 34 Seiten, 1 Abb., 5 Tabellen, DM 6,80

HEFT 64
Textilforschungsanstalt Krefeld
Die Kettenlängenverteilung von hochpolymeren Faserstoffen
Über die fraktionierte Fällung von Polyamiden
1954, 44 Seiten, 13 Abb., DM 8,60

HEFT 69
Wäschereiforschung Krefeld
Bestimmung des Faserabbaues bei Leinen unter besonderer Berücksichtigung der Leinengarnbleiche
1954, 48 Seiten, 15 Abb., 3 Tabellen, DM 9,60

HEFT 70
Wäschereiforschung Krefeld
Trocknen von Wäschestoffen. II. Kontakttrocknung: Untersuchungen über den Trockenvorgang und die Wäschebeanspruchung bei der Kontakttrocknung
1954, 42 Seiten, 18 Abb., 3 Tabellen, DM 10,—

HEFT 79
Techn.-Wissenschaftl. Büro für die Bastfaserindustrie, Bielefeld
Trocknung von Leinengarnen III
Spinnspulen- und Spinnkopstrocknung
Vorgang und Einwirkung auf die Garnqualität
1954, 74 Seiten, 18 Abb., 10 Tabellen, DM 14,—

HEFT 80
Techn.-Wissenschaftl. Büro für die Bastfaserindustrie, Bielefeld
Die Verarbeitung von Leinengarn auf Webstühlen mit und ohne Oberbau
1954, 30 Seiten, 2 Abb., 2 Tabellen, DM 6,—

HEFT 84
Dr. H. Baron, Düsseldorf
Über Standardisierung von Wundtextilien
1954, 32 Seiten, DM 6,40

HEFT 85
Textilforschungsanstalt Krefeld
Physikalische Untersuchungen an Fasern, Fäden, Garnen und Geweben:
Untersuchungen am Knickscheuergerät nach Weltzien
1954, 40 Seiten, 11 Abb., 8 Tabellen, DM 10,—

HEFT 92
Techn.-Wissenschaftl. Büro für die Bastfaserindustrie, Bielefeld und Institut für textile Meßtechnik, M.-Gladbach
Messungen von Vorgängen am Webstuhl
1954, 76 Seiten, 45 Abb., DM 15,50

HEFT 93
Prof. Dr. W. Kast, Krefeld
Spinnversuche zur Strukturerfassung künstlicher Zellulosefasern
1954, 82 Seiten, 39 Abb., 6 Tabellen, DM 16,—

HEFT 97
Ing. H. Stein, M.-Gladbach
Untersuchung der Verzugsvorgänge an den Streckwerken verschiedener Spinnereimaschinen
2. Bericht: Ermittlung der Haft-Gleiteigenschaften von Faserbändern und Vorgarnen
1955, 98 Seiten, 54 Abb., 21 Tabellen, DM 21,—

HEFT 119
Dr.-Ing. O. Viertel, Krefeld
Wäscherei- und energietechnische Untersuchung einer Gemeinschafts-Waschanlage
1955, 50 Seiten, 18 Abb., 3 Tabellen, DM 10,20

HEFT 159
Dr.-Ing. O. Viertel und O. Oldenroth, Krefeld
Das Bleichen von Weißwäsche mit Wasserstoffsuperoxyd bzw. Natriumhypochlorit beim maschinellen Waschen
1955, 54 Seiten, 23 Abb., 2 Tabellen, DM 11,45

HEFT 161
Prof. Dr. W. Weltzien und Dr. G. Hauschild, Krefeld
Über Silikone und ihre Anwendung in der Textilveredlung
1955, 162 Seiten, 22 Abb., 10 Tabellen, DM 27,—

HEFT 163
Dipl.-Ing. W. Rohs und Text.-Ing. H. Griese, Bielefeld
Untersuchungsarbeiten zur Verbesserung des Leinenwebstuhls III
1955, 80 Seiten, 15 Abb., 18 Tabellen, DM 15,80

HEFT 171
Wäschereiforschung Krefeld
Untersuchung der Wäscheentwässerung mit Hilfe von Zentrifugen und Pressen
1955, 42 Seiten, 16 Abb., 4 Tabellen, DM 9,70

HEFT 172
Dipl.-Ing. W. Rohs, Dr.-Ing. G. Satlow und Text.-Ing. G. Heller, Bielefeld
Trocknung von Hanfgarnen. Kreuzspultrocknung
1955, 60 Seiten, 7 Abb., 4 Tabellen, DM 10,30

HEFT 173
Prof. Dr. R. Hosemann und Dipl.-Phys. G. Schoknecht, Berlin, vorgelegt von Prof. Dr. W. Kast, Krefeld
Lichtoptische Herstellung und Diskussion der Faltungsquadrate parakristalliner Gitter
1956, 108 Seiten, 63 Abb., 6 Tabellen, DM 24,70

HEFT 185
Dipl.-Ing. W. Rohs und Text.-Ing. G. Heller, Bielefeld
Studien an einem neuzeitlichen Kreuzspultrockner für Bastfasergarne mit Wiederbefeuchtungszone
1955, 52 Seiten, 9 Abb., 3 Tabellen, DM 10,70

HEFT 196
Dipl.-Ing. W. Rohs und Text.-Ing. H. Griese, Bielefeld
Auswirkungen von Garnfehlern bei der Verarbeitung von Leinengarnen
1955, 24 Seiten, 3 Abb., 6 Tabellen, DM 7,80

HEFT 199
Textilforschungsanstalt Krefeld
Die Messung von Gewebetemperaturen mittels Temperaturstrahlung
1955, 50 Seiten, 12 Abb., DM 10,90

HEFT 226
Technisch-wissenschaftliches Büro für die Bastfaserindustrie, Bielefeld
Untersuchungen zur Verbesserung des Leinenwebstuhles IV
Die Wirkung verschiedener Kettbaumbremsen auf die Verwebung von Leinengarnen
1956, 64 Seiten, 9 Abb., 4 Tabellen, DM 13,50

HEFT 236
Dr.-Ing. O. Viertel und S. Lucas, Krefeld
Ergebnisse einer Hausfrauenbefragung über Wascheinrichtungen und Waschmethoden in städtischen Haushaltungen
1956, 34 Seiten, 4 Abb., DM 7,60

HEFT 238
Institut für textile Meßtechnik e. V., M.-Gladbach
Untersuchungen der Verzugsvorgänge an den Streckwerken verschiedener Spinnereimaschinen. 3. Bericht: Theoretische Betrachtungen über den Einfluß schlagender Zylinder und Druckrollen
1956, 66 Seiten, 21 Abb., DM 14,10

HEFT 260
Prof. Dr. W. Kast, Freiburg (Br.), Prof. Dr. A. H. Stuart und Dipl.-Phys. H. G. Fendler, Hannover
Lichtzerstreuungsmessungen an Lösungen hochpolymerer Stoffe
1956, 70 Seiten, 25 Abb., 5 Tabellen, DM 15,60

HEFT 261
Prof. Dr. W. Kast, Freiburg (Br.)
Feinstruktur-Untersuchungen an künstlichen Zellulosefasern verschiedener Herstellungsverfahren.
Teil II: Der Kristallisationszustand
1956, 80 Seiten, 27 Abb., 11 Tabellen, DM 17,20

HEFT 273
Fa. K. H. W. Tacke G.m.b.H., Wuppertal-Barmen
Erfahrungen beim Verspinnen von Perlonfasern und bei der Herstellung von Trikotagen aus gesponnenem Perlon
1956, 36 Seiten, DM 7,90

HEFT 292
Dipl.-Ing. W. Rohs und Text.-Ing. H. Griese, Bielefeld
Webversuche an Leinenwebstühlen mit verbesserter Schaftbewegung
1956, 34 Seiten, 3 Abb., 2 Tabellen, DM 7,60

HEFT 301
Prof. Dr. W. Weltzien, Dr. G. Cossmann und P. Diebl, Krefeld
Über die fraktionierte Füllung von Polyamiden (II)
1956, 54 Seiten, 1 Abb., 16 Tabellen, DM 11,30

HEFT 302
Prof. Dr.-Ing. W. Wegener und Dipl.-Ing. W. Zahn, Aachen
Untersuchungen von gesponnenen Garnen auf ihre Gleichmäßigkeit nach verschiedenen Meßmethoden
1957, 58 Seiten, 34 Abb., DM 15,20

HEFT 307
Privat-Doz. Dr. J. Juilfs, Krefeld
Vergleichende Untersuchungen zur elastischen und bleibenden Dehnung von Fasern
1956, 36 Seiten, 11 Abb., DM 8,30

HEFT 308
Privat-Doz. Dr. J. Juilfs, Krefeld
Zur Messung der Fadenglätte
1956, 22 Seiten, 10 Abb., 2 Tabellen, DM 8,—

HEFT 338
Prof. Dr.-Ing. W. Wegener Aachen, und Dipl.-Ing. J. Schneider, M.-Gladbach
Die Bedeutung der Knotenart für die Herabminderung der Fadenbrüche
1957, 40 Seiten, 6 Abb., 17 Tabellen, DM 9,80

HEFT 339
Prof. Dr.-Ing. W. Wegener und Dipl.-Ing. W. Zahn, Aachen
Vergleich des normalen mit verschiedenen abgekürzten Baumwollspinnverfahren in bezug auf Gleichmäßigkeit und Sortierungsstreuung der Garne
1956, 56 Seiten, 17 Abb., 17 Tabellen, DM 12,70

HEFT 340
Dipl.-Ing. W. Rohs und Dipl.-Ing. R. Otto, Bielefeld
Das Naßspinnen von Bastfasergarnen mit Spinnbadzusätzen unter Ausnutzung einer zentralen Spinnwasserversorgungsanlage
1956, 56 Seiten, 2 Abb., 6 Tabellen, DM 11,60

HEFT 358
Prof. Dr. rer. nat. W. Weltzien, Dipl.-Chem. P. Ringel und Text.-Ing. H. Kirchhoff, Krefeld
Die Waschechtheit von Färbungen. Vergleichende Untersuchungen auf dem Gebiete der Echtheitsprüfung
1958, 26 Seiten, 12 Farbtafeln, DM 58,—

HEFT 378
Oberingenieur H. Stein, M.-Gladbach
Beobachtung und maßtechnische Erfassung der Vorgänge im Spinn- und Aufwindefeld von Ringspinn- und Ringzwirnmaschinen
1957, 104 Seiten, 88 Abb., 3 Tabellen, DM 26,90

HEFT 379
Institut für textile Meßtechnik, M.-Gladbach
Schußfadenspannung beim Weben
1957, 76 Seiten, 17 Abb., 47 Diagramme, 3 Tabellen, DM 18,60

HEFT 381
Priv.-Doz. Dr. habil. J. Juilfs, Krefeld
Zur Dichtebestimmung von Fasern. Methoden und Beispiele der praktischen Anwendung
1957, 76 Seiten, 34 Abb., 18 Tabellen, DM 17,—

HEFT 393
Dr.-Ing. O. Viertel und S. Brückner-Lucas, Krefeld
Arbeitszeitstudien an Haushaltwaschmaschinen
1957, 74 Seiten, 8 Abb., 13 Tabellen, DM 17,30

HEFT 397
Dipl.-Ing. W. Rohs und Dipl.-Ing. R. Otto, Bielefeld
Ungleichmäßigkeiten in Bändern von Bastfaserkarden, ihre Ursachen und Auswirkungen
1957, 60 Seiten, 18 Abb., 42 Diagramme, DM 14,80

HEFT 433
Dr.-Ing. G. Satlow, Aachen
Über einige physikalische und chemische Eigenschaften der Wolle von der gewaschenen Wolle bis zum Kammzug
1957, 72 Seiten, 15 Abb., 19 Tabellen, DM 15,25

HEFT 434
Dipl.-Ing. W. Rohs und Dr. I. Geurten, Bielefeld
Schlichten für Baumwollgarne
1957, 96 Seiten, 3 Abb., zahlreiche Tabellen, DM 23,70

HEFT 435
Dipl.-Ing. W. Rohs und Dipl.-Ing. L. Steinmetz, Bielefeld
Die Masseungleichmäßigkeit von Flachstreckenbändern in Abhängigkeit von Verzug und Dopplung
1957, 42 Seiten, 4 Abb., 2 Tabellen, DM 9,90

HEFT 436
Priv.-Doz. Dr. habil. J. Juilfs, Krefeld
Zur Bestimmung der Reißlast (Zugfestigkeit) von Fasern, Fäden und Garnen
in Vorbereitung

HEFT 442
Dipl.-Ing. W. Rohs, Text.-Ing. H. Griese und Text.-Ing. W. Lauer, Bielefeld
Die Auswirkungen der Trocknungsart naßgesponnener Leinengarne auf deren Verarbeitungswirkungsgrad sowie auf die Festigkeits- und Dehnungseigenschaften der Garne und Gewebe
1957, 28 Seiten, 2 Abb., 3 Tabellen, DM 6,50

HEFT 452
Prof. Dr. rer. nat. W. Weltzien und Dr. phil. K. Windeck, Krefeld
Veränderungen an Fasern bei der Bleiche mit Natriumchlorid und über einige Vergilbungserscheinungen
1957, 64 Seiten, 3 Abb., 13 Tabellen, DM 14,85

HEFT 479
Prof. Dr.-Ing. W. Wegener, Aachen und Dipl.-Ing. H. Fourné, Bochum
Ursachen des Überschreitens der Toleranzgrenze nach oben oder unten (Meter pro Gramm) an der Strecke
1958, 60 Seiten, 17 Abb., 3 Tabellen, DM 14,60

HEFT 494
Dipl.-Ing. W. Rohs und Text.-Ing. H. Griese, Bielefeld
Entwicklung und Erprobung eines verbesserten elektrischen Kettfadenwächtergeschirrs für die Leinen- und Halbleinenweberei
1957, 56 Seiten, 9 Abb., 11 Tabellen, DM 13,—

HEFT 496
Dipl.-Chem. P. Vogel, Krefeld
Färberische Eigenschaften von zur Herstellung von Verdickungen in der Stoffdruckerei bestimmten Stoffen
1957, 38 Seiten, 3 Abb., 3 Tabellen, DM 9,30

HEFT 498
Prof. Dr.-Ing. H. Zahn und Dr. rer. nat. W. Gerstner, Aachen
Herstellung säurefester technischer Gewebe
1957, 40 Seiten, 8 Tabellen, DM 9,65

HEFT 499
Priv.-Doz. Dr. J. Juilfs, Krefeld
Die Bestimmung des Wasserrückhaltevermögens (bzw. des Quellwertes) von Fasern
1958, 42 Seiten, 8 Abb., 8 Tabellen, DM 10,35

HEFT 500
Priv.-Doz. Dr. habil. J. Juilfs, Krefeld
Vergleichende Untersuchungen am Schopper-Scheuerprüfgerät
1958, 60 Seiten, 34 Abb., verschied. Tabellen, DM 18,10

HEFT 501
Dipl.-Ing. W. Rohs und Dr. I. Geurten, Bielefeld
Untersuchungen in der Leinengarnbleiche
1958, 50 Seiten, 5 Abb., 5 Tabellen, DM 11,50

HEFT 587
Dipl.-Ing. H. Schmidt, Krefeld
Auswirkung der Strömungsverhältnisse in Trommelwaschmaschinen unter besonderer Berücksichtigung des Durchlaufspülens
1958, 20 Seiten, 8 Abb., DM 8,45

HEFT 609
Dipl.-Ing. W. Rohs und Dipl.-Ing. L. Steinmetz, Technisch-Wissenschaftliches Büro für die Bastfaserindustrie, Bielefeld
Verteilung der Bastfasern im Verzugsfeld einer Nadelstabstrecke
1958, 42 Seiten, 10 Abb., 2 Tabellen, DM 13,45

HEFT 614
Prof. Dr. W. Weltzien, Priv.-Dozent Dr. rer. nat. habil. J. Juilfs und Dr. rer. nat. W. Bubser, Krefeld
Die Textilforschungsanstalt Krefeld 1920—1958
Ein Bericht zur Einweihung ihres Neubaus Frankenring 2
1958, 78 Seiten, 11 Abb., 5 Baupläne, DM 23,80

HEFT 621
Techn.-Wissensch. Büro für die Bastfaserindustrie, Bielefeld
Untersuchungen zur Verbesserung des Leinenwebstuhles V
in Vorbereitung

HEFT 632
Prof. Dr.-Ing. W. Wegener, Aachen
Aufstellung und Vergleich von Variance-within- und Variance-between-Kurven von Garnen, die nach verschiedenen Spinnverfahren hergestellt werden
in Vorbereitung

HEFT 633
Prof. Dr.-Ing. W. Wegener und Dipl.-Ing. E. Haase-Deyerling, Aachen
Entwicklung und Bau eines vollautomatischen Faserlängenprüfgerätes (Stapelprüfgerät) mit kapazitiver Grundlage, Erprobung dieses Gerätes und Vergleich mit den bislang üblichen Verfahren auf manueller Basis

HEFT 654
Obering. H. Stein und Text.-Ing. H. v. d. Weyden Institut für Textile Meßtechnik, M.-Gladbach Dipl.-Ing. Waldemar Rohs und Text.-Ing. H. Griese Techn.-Wissenschaftl. Büro für die Bastfaserindustrie Bielefeld
Untersuchungen an Spulvorrichtungen in der Leinen- und Halbleinenweberei
1958, 98 Seiten, 29 Abb., DM 23,80

HEFT 674
Dipl.-Ing. W. Rohs, Bielefeld
Die Ausnutzung der Garnfestigkeit in Halbleinengeweben
1958, 60 Seiten, 6 Abb., DM 14,30

Volks- und betriebswirtschaftliche Untersuchungen auf dem Textilgebiet

HEFT 186
Dr. E. Wedekind, Krefeld
Untersuchungen zur Arbeitsbestgestaltung bei der Fertigstellung von Oberhemden in gewerblichen Wäschereien
1955, 124 Seiten, 28 Abb., 6 Tabellen, 2 Falttafeln, DM 12,—

HEFT 197
Dr. E. Wedekind, Krefeld
Untersuchungen zur Bestimmung der optimalen Arbeitsplatzgröße bei Mehrstuhlarbeit in der Weberei
1955, 92 Seiten, 34 Abb., DM 18,50

HEFT 222
Dr. L. Köllner, Münster und Dipl.-Volkswirt M. Kaiser, Bochum
Die internationale Wettbewerbsfähigkeit der westdeutschen Wollindustrie
1956, 214 Seiten, 5 Abb., DM 39,50

HEFT 323
Prof. Dr. R. Seyffert, Köln
Wege und Kosten der Distribution der Textilien, Schuh- und Lederwaren
1956, 98 Seiten, 37 Tabellen, 1 Falttafel, DM 12,—

HEFT 607
Dr. H. Schlachter, Münster
Die Wettbewerbslage der westdeutschen Juteindustrie
1958, 137 Seiten, 35 Tab., DM 32,—

HEFT 631
Dr. E. Wedekind, Krefeld
Der Einfluß der Automatisierung auf die Struktur der Maschinen und Arbeiterzeiten am mehrstelligen Arbeitsplatz in der Textilindustrie
1958, 86 Seiten, 34 Abb., DM 21,10

Ein Gesamtverzeichnis der Forschungsberichte, die folgende Gebiete umfassen, kann bei Bedarf vom Verlag angefordert werden
Acetylen / Schweißtechnik - Arbeitspsychologie und -wissenschaft - Bau / Steine / Erden - Bergbau - Biologie - Chemie - Eisenverarbeitende Industrie - Elektrotechnik / Optik - Fahrzeugbau / Gasmotoren - Farbe / Papier / Photographie - Fertigung - Gaswirtschaft - Hüttenwesen / Werkstoffkunde - Luftfahrt / Flugwissenschaften - Maschinenbau - Medizin / Pharmakologie / Physiologie - NE-Metalle - Physik - Schall / Ultraschall - Schiffahrt - Textiltechnik / Faserforschung / Wäschereiforschung - Turbinen - Verkehr - Wirtschaftswissenschaften.

If you have any concerns about our products,
you can contact us on
ProductSafety@springernature.com

In case Publisher is established outside the EU,
the EU authorized representative is:
**Springer Nature Customer Service Center GmbH
Europaplatz 3, 69115 Heidelberg, Germany**

Printed by Libri Plureos GmbH
in Hamburg, Germany